자유를 향유하고 사회 정의를 추구하는

프랑스 엄마의 힘

자유를 향유하고 사회 정의를 추구하는

프랑스 엄마의 힘

유복렬 지음

황소북스

프랑스 엄마들은
정말 힘이 세다

'프랑스 엄마의 힘'이라는 주제를 받아들고 나는 잠시 망설였다. 과연 내가 이런 책을 쓸 자격이 있을까 해서였다. 게다가 왠지 모를 막중한 책임감도 부담스러웠다. 그러다가 각각의 소재를 한 번 분리해보았다. '프랑스', '엄마', '힘', 이 세 가지는 분명 내게 의미가 큰 것들이었다. 어떤 이유에서든 내인생의 가장 큰 부분을 차지하는 주제임에 틀림없었다.

프랑스에서 유학 생활 7년 2개월, 외교관 생활 6년 6개월을 보내면서 그들의 역사와 문화, 사고방식과 관습, 문학과 예술에 대해 충분히 꿰고 있으니 프랑스에 대한 글을 쓰는 것도 큰 문제가 없겠다 싶었다.

게다가 엄마 생활은 20년이 훌쩍 넘었다. 물론 '돌팔이' 엄마라 해도 할 말이 없을 정도로 엄마 역할을 제대로 하지 못했고, 어쩌다 엄마 노릇을 하려 들면 그나마도 어설프기 짝이 없었다. 심지어 수능시험을 보는 딸아이한테 빵집에서 샌드위치를 사가지고 가게 할 수밖에 없었던 파렴치한 엄마였다. 하지만 그럼에도 두 딸의 엄마라는 불굴의 자존심은 지니고 있다.

마지막으로 힘. 이 세상 모든 엄마는 힘이 세다. 그 힘은 아무리 세상이 발달하고 첨단 기술이 넘쳐나고 우주여행을 하는 시대여도 마찬가지다. 이 세상 그 어떤 힘도 엄마의 힘에는 견줄 수 없다. 엄마들만이 자기 아이를 열

달 동안 배 속에 지녔다가 세상에 내보내 이 사회와 지구의 구성원으로 키워낼 수 있기 때문이다. 내 엄마도 그렇게 센 힘으로 나를 키우셨고, 나도 그렇게 내 아이들을 키웠다.

내가 이 세 가지 소재를 조합한 책《프랑스 엄마의 힘》을 써낼 수 있을 거라는 동기 부여는 이렇게 시작되었다. 나는 외교관으로 프랑스에서 근무하는 동안 아이들을 키웠고, 그 과정에서 프랑스 엄마들과 교류하며 그들의 강인한 힘과 의지를 매일 느꼈다.

일단 동기 부여가 이루어지고 나서는 무엇을 어떤 식으로 구성해야 이러한 주제를 가장 잘 부각시킬 수 있을까 고민해보았다. 프랑스 엄마들의 힘을 살펴봄으로써 우리 엄마들이 그리고 우리 사회가 무엇을 얻어내야 하는지를 한참 생각했다.

프랑스 엄마들의 가장 큰 힘이자 장점은 바로 '투쟁' 정신이다. 그들의 모든 일상은 이 투쟁 정신에 입각해 이루어진다. 그것은 사회 정의와 질서를 위한 투쟁이고, 박애 정신과 연대 의식을 향한 투쟁이며, 국가의 미래와 인류를 생각하는 투쟁이다. 아울러 나의 나태함을 미리 제어하기 위한 투쟁이고, 나의 자유를 보장받기 위한 투쟁이며, 내가 속한 사회에 기여하기 위한 투쟁이다. 그렇게 그들은 엄마로서 자신의 존재와 행동에 고귀한 의미를 부여한다.

프랑스 엄마들은 정말 힘이 세다. 그 힘은 자발적이고 능동적인 데다 극성맞으며 철저한 자기 관리에서 비롯된다. 내가 존중받기 위해서는 남을 존중해야 하며, 내 권리와 자유를 보장받기 위해서는 내게 주어진 의무를 다해야 한다는 원칙에서 나온다. 나의 행동 하나하나가 내가 속한 사회의 정의를 만들어가는 힘이라는 사실을 철두철미하게 믿고 그 소신에 따라 행동한다. 그래서 프랑스 엄마들의 힘은 말 그대로 대단하다.

프랑스에는 '워킹맘', '직장맘' 같은 용어가 별도로 존재하지 않는다. 거의 대다수 엄마들이 직장을 다니면서 아이를 낳고 키우기 때문이다. 오히려 극소수에 해당하는 '전업주부'를 만나면 다른 엄마들이 이런저런 궁금증에 질문을 퍼붓는다. 프랑스를 이해하기 위해서는 우선 이러한 사회 시스템과 그에 따라 형성된 문화를 알아야 한다.

프랑스에서는 여성들이 결혼과 출산이라는 일련의 과정을 겪는 데 있어 '직장 생활'이 결코 변수가 될 수 없다. 그것은 여성으로서 당연한 권리일 뿐만 아니라 사회가 진심으로 고개 숙여 감사해야 하는 고귀한 '행위'이기 때문이다. 따라서 사회생활 자체가 여성이 출산하고 엄마로서 삶을 잘 병행해 나갈 수 있도록 최대한 도와주는 시스템 속에서 돌아간다. 여성들이 이 과정에서 불편함과 어려움을 느끼는 순간, 국가의 출산율은 곤두박질치기 시작할 것이 뻔하기 때문이다.

프랑스 엄마들은 매사 악착같다. 게다가 그들은 책임감이 강하다. 그만큼 자신들의 역할이 크다는 사실을 인식하고 있기 때문이다. 그리고 사회 전체가 그들을 존중한다. 국가와 사회의 미래를 위해 그들의 힘이 실로 엄청나다는 것을 너무나 잘 알고 있는 까닭이다.

자신의 의무를 다하고 그런 만큼 권리를 주장할 수 있는 나라가 프랑스다. 그 프랑스 사회의 중추는 엄마들이 구성하고 있다. 사회의 당당한 일원으로서, 사회의 미래를 책임질 요소를 생산해내는 원천으로서, 사회가 올바른 방향으로 갈 수 있도록 하는 감시자로서, 사회가 그릇된 행동을 했을 때

이를 바로잡는 심판자로서, 그리고 그 사회를 밝고 아름답게 만드는 선구자로서 그 어느 것 하나에도 소홀함이 없다.

그래서 프랑스 엄마들은 늘 바쁘게 뛰어다니며 악착같이 산다. 나는 그런 프랑스 엄마들 틈에서 두 아이를 키웠다. 외교관이라는 직업의 특성상 늘 긴장해야 하고 각계각층의 많은 사람을 만나야 하는 녹록지 않은 생활 속에서 프랑스 교육과 사회 제도의 혜택을 많이 입었다. 그리고 철저한 직업 정신으로 무장한 프랑스 엄마들의 저력을 보면서 나를 끊임없이 채찍질하는 기회로 삼았다.

하지만 정작 내 아이들의 일상을 살펴주지 못하는 '불량' 엄마라는 자책감과 미안함이 늘 마음 한구석에 자리 잡고 있다. 엄마를 따라 이 나라 저 나라 떠돌며 어린 시절을 보낸 아이들은 친구도 제대로 사귀지 못한 채 계속 국제 전학을 다니는 게 가장 큰 불만인 듯했다. "절대 외교관은 되지 않겠다"는 아이들의 반응이 새삼스럽지도 않다.

그런 엄마의 마음을 아는지 모르는지 다행히도 아이들은 밝고 명랑하게 성장했다. 이제는 엄마의 일과 고충을 이해하고, 생활 환경이 나쁜 험지에서 혼자 근무하는 엄마의 건강을 먼저 염려해준다. 늘 바쁜 엄마가 자기들을 위해 뭔가를 제대로 해줄 수 있을 거라고 기대하지 않는 아이들은 매사 혼자 스스로 하는 법을 터득했다.

고등학교 2학년 2학기, 다른 친구들은 입시 준비를 이미 다 끝마쳤을 시기에 한국으로 전학 온 큰애는 우리말도 제대로 못하는 상태에서 특유의 뚝벅이 스타일로 공부해 서울에 있는 대학에 입학했다. 그리고 나름대로 대학 생활을 만끽하다 UCLA 교환 학생이 되어 미국으로 떠났다. 늘 엄마의 도움

없이 혼자 모든 것을 알아서 하는 것에 익숙한 터라 몇 가지 행정 처리를 위한 증명서 같은 서류를 내게 부탁했을 뿐 스스로 유학 준비를 마쳤다.

큰애는 미국으로 가는 비행기 안에서부터 매일의 일상을 일기처럼 써서 인스타그램에 올리기 시작했다. 엄마 따라 이 나라 저 나라 떠돌아다니며 살아야 했던 자신의 고단한 어린 시설을 회상하는 글도 올라왔다.

"어렸을 때 만날 이 나라로 저 나라로 전학 다닐 때는 새로운 환경에서 같이 적응해나가는 가족이 옆에 있었다. 하지만 내가 지금까지 친하게 지내왔던 모든 사람들과 물리적으로 단절된 지금은 딱히 의지할 사람도 의지할 곳도 잘 안 보인다. 이곳에서 저곳으로 하도 많이 떠밀려가면서 지냈기에 교환 학생 생활도 무난하게 적응할 수 있을 거라고 생각했지만 적응하는 과정이 내가 생각한 거보다 힘들다……."

아이의 어눌한 한국말 표현을 종종 놀리곤 했던 터라 나름 자연스러운 글 솜씨에 속으로 '제법이군' 하며 열심히 읽었다. 그러던 어느 날 적잖이 충격적인 글을 보게 되었다.

"나는 어려서부터 혼자 돌아다니는 걸 좋아했다. 예전에 성격이 많이 내성적이었을 때는 몇 시간씩 혼자 걸어 다니면서 나만의 세계 안에서 생각하곤 했는데 요즘은 그렇게까지 돌아다니진 않는다. 하지만 나에게 힘든 일이 찾아오는 순간 나는 혼자만의 세계로 들어갈 수 있는 공간을 찾게 된다. 지금도."

아니, 언제 아이가 몇 시간씩 혼자 걸어 다녔단 말인가. 나는 정말이지 단 한 번도 그런 딸아이의 모습을 본 적이 없다. 혼자 어디를 걸어 다녔을까.

큰애가 말하는 '어려서부터'란 과연 몇 살 때를 말하는 것일까. 프랑스에서는 등하교를 시켜줬고, 다른 나라에서는 모두 스쿨버스를 타고 다녔는데 어느 틈에 혼자 그렇게 헤매고 다닐 수 있었을까. 그렇다면 혼자 등하교를 한 한국에서 그랬다는 말인가. 그것도 몇 시간씩이나……. 수많은 질문이 순식간에 뇌리를 스치고 지나갔다.

내가 큰애의 고민하는 모습을 직접 본 것은 잠시 한국에 들어와서 중학교를 다닐 때였다. 처음 경험하는 한국 학교에서 힘든 공부를 따라가느라 책상 앞에 앉아 있는 내내 앞머리를 하나씩 뽑아대더니 어느 날인가 이마가 훤히 드러났다. 그때도 아이를 '칭기즈칸'이라고 놀린 게 아이의 고민에 대한 내 반응의 전부였다. 아이의 글은 이렇게 이어졌다.

"캠퍼스 안에 작은 수목원이 있다. 약간 열대 지방 수목원 느낌이 난다. 사람이 많이 없고 고요한 이곳. 여기서 우뚝 선 나무들과 알록달록한 꽃들을 구경하면서 걸어 다니니까 마음이 편안해진다. 내가 여기서 1년을 보내는 동안 외롭거나 누군가 그립거나 힘들 때면 내 발걸음이 이곳을 향해 있지 않을까 싶다." 아이가 그곳에 있는 동안 마음의 안식처를 찾았다니 다행이다 싶다. 그러면서도 아이의 발걸음이 너무 자주 그곳을 향하지 않길 바라는 것으로 이 무심한 엄마의, 딸에 대한 애틋함을 대신해본다.

2019년 여름
카메룬 야운데에서

4부. 오늘의 프랑스를 만든 워킹맘의 힘

5부. 한국 외교관 엄마의 프랑스 육아 경험

6부. 프랑스 엄마들의 아날로그 교육 방식

1부

프랑스
엄마의 저력

프랑스 사람은 모두 각자 최선을 다해 자신의 자유를 향유한다. 그만큼 다른 사람의 자유도 존중한다. 어떻게 보면 정말 깍쟁이다 싶을 정도로 남의 일에 참견하지 않고, 자기 사생활도 온전하게 보장받길 원한다. 그렇기 때문에 대통령의 스캔들 사건이 터져도 별다른 관심을 보이지 않는다. 그저 그 사람 개인의 사생활일 뿐이라는 것이다.

이는 비단 사회생활에서뿐만 아니라 가족 내에서도 마찬가지다. 부부 사이에도 각자의 생활을 존중하는 것은 물론, 부모 자식 간에도 이런 원칙은 기본적인 매너다. 따라서 이러한 생활 방식은 육아에도 그대로 적용된다. 아이로 인해 부모의 개인 생활이 방해받지 않도록 하는 것이다.

The Power of
French Mother

기른 정, 해외 입양 : 박애 정신의
철학적 실천

프랑스 사람들은 직업의식이 무척 강하다. 특히 전문직에 대한 자부심이 대단하다.

여기서 '전문직'이란 우리처럼 의사, 판사, 교수 같은 이른바 가방끈이 긴 직업이 아니다. 요리사 · 미용사 · 조향사 · 소믈리에 · 디자이너 · 수공예 장인 · 정원사 · 도서관 사서 · 정비 기술자 같은, 우리가 일상생활에서 반드시 필요로 하는 그야말로 각계각층의 전문 직종을 말한다.

이러한 직업의식은 어려서부터 대학 진학만이 유일하게 정해진 길이 아니라 자기가 정말로 좋아하는 일을 할 수 있는 진로를 선택하는 교육 제도와 각자의 자유로운 선택을 존중하는 사회 분위기 속에서 자연스럽게 정착된 보편적 사회 관습에 해당한다.

프랑스 엄마들은 자기 아이들에게 삶의 목표를 강요하지 않는다. 그보다는 아이들이 자신의 취향과 적성에 맞는 길을 걸을 수 있도록 돕는다. 각자의 행복을 추구하는 것이 인생의 가장 큰 목표라고 가르친다.

이것은 프랑스 엄마들이 유독 특이해서가 아니다. 사회 구조나 분위기 자체가 모든 사회 구성원 개개인이 자신의 삶을 영위하는 데 있어 개인적 취향과 스스로의 선택에 따라 움직일 수 있도록 되어 있고, 또 모든 사람이 어려서부터 그런 방식의 삶을 살도록 배우기 때문이다.

그리고 이들은 사회의 중심은 바로 이 개개인이며, 사회에 대한 기여는 곧 각자가 솔선수범하는 데서 비롯된다는 사실을 잘 알고 있다. 아울러 이를 실행에 옮기는 데 망설임이 없다. 프랑스 사람들은 인권, 아동 보호, 표현의 자유 같은 이른바 보편적 가치를 옹호하는 다양한 NGO 활동에 적극적이다.

그런 가운데 프랑스 엄마들이 다분히 철학적 비전을 가지고 실행에 옮기는 활동 중 하나가 도움을 필요로 하는 타국의 불행한 아이들을 입양하는 일이다.

입양. 이것은 아마도 우리가 가장 감추고 싶어 하는 우리 사회의 아픈 단면일 것이다. 우리나라가 가난했던 시절에는 한국에서 굶주리며 사느니 환경 좋은 외국으로 입양 보내는 게 고아들을 위해 차라리 나은 것이라는 정당성과 위안이라도 있었다. 하지만 국가 경제 규모가 세계 11~13위를 차지하고 1인당 국민소득이 3만 달러를 넘는 지금도 우리는 여전히 아이들을 해외로 입양 보내고 있다.

미국으로 입양된 아이가 제대로 적응하지 못해 마약에 빠지고 범죄자로 전락했다는 소식에 그저 피상적으로 가슴 아파 하다가도, 한국인 입양아 출신이 선진국 어딘가에서 큰 인물로 성장했다는 소식을 들으면 "역시 한국인이야", "피는 못 속여", "위대한 한국인 DNA" 운운하며 호들갑을 떠는 것도 우리의 부끄러운 모습이라는 걸 부인할 수 없다.

프랑스 정계 다양성의 상징: 장뱅상 플라세 상원의원

외교관이라는 직업 덕분에 내게는 참으로 다양한 분야의 인사들을 만날 기회가 주어진다. 그것이 비록 일의 일부라 할지라도, 그래서 업무 성과와 연결 지어야 한다는 스트레스가 따라다닌다 할지라도 나는 늘 이 사람들을 만나 인연을 맺는 것이 내게 주어진 크나큰 행운이라 여기고 있다.

그렇게 만난 많은 사람 중에서 프랑스 엄마의 힘을 무엇보다 돋보이게 해준, 그리고 프랑스 엄마의 철학을 확실하게 각인시켜준 2명의 고위 인사가 있다. 바로 한국인 입양아 출신의 프랑스 정치인들이다.

그중 한 사람은 장뱅상 플라세(Jean-Vincent Placé)다. 한국인 입양아 출신으로 프랑스 최초의 동양인 혈통 상원의원이 되고, 뒤이어 장관을 지낸 인물이다. 2010년 내가 처음 플라세를 만난 것은 그가 마흔 줄에 막 들어섰을 때였다. 그는 우람한 체격에 약간 곱슬의 장발 머리를 하고 검은색 뿔테 안경을 쓴, 우리나라에서 흔히 만날 수 있는 익숙한 외모였다.

업무상 필요에 의해 대면한 첫 번째 만남에서는 지극히 사무적인 업무 관련 대화가 오갔다. 프랑스 정세의 전망, 한국과 프랑스 간 관계, 뭐 이런 이야기들을 나눴다. 여느 프랑스 인사를 면담할 때 나누는 대화와 다를 것이 없었다. 진짜 '안면 트기'는 다음번 면담에서 이루어졌다. 우리 대사관저에서 개최한 만찬에 초대받은 그는 약혼녀를 대동하고 나타났다. 유난히 피부가 흰 그 약혼녀는 프랑스 영화배우 줄리 델피를 꼭 빼닮은 30대 초반의 전형적 파리지엔이었다.

정성스럽게 차린 한국 음식이 코스 요리로 나올 때마다 플라세는 무슨 음식인지, 무엇으로 만든 건지, 한국 사람들이 자주 먹는 음식인지 자세히 물었다. 플라세보다 그 약혼녀가 더 능숙하게 젓가락질을 하는 것을 보고 나는 어디서 그렇게 젓가락질을 배웠냐고 물었다. 그러자 베이징에서 오래 살았다는 대답이 돌아왔다. 그냥 중국 문화에 대한 호기심이 너무 커서 베이징 유학을 했다는 얘기였다. 나는 중국 문화를 동경하는 프랑스 인사를 워낙 많이 봐온 터라 '아, 여기 또 한 명 있네' 하는 정도로만 생각했다.

그 약혼녀는 중국 생활에 익숙하고 워낙 동양 문화를 동경해서 자연스럽게 플라세를 사랑하게 되었다고 했다. 그런데 정말 어안이 벙벙할 정도로 신기한 일이 벌어졌다. 그 약혼녀가 우리나라 사람처럼 옆으로 고개를 돌린 채 조심스레 술을 마시는 것이었다. 어쩐지 외모와 행동이 서로 정반대로 매치된 커플이라는 생각이 들었다. 만찬 분위기가 무르익자 감흥에 사로잡힌 플라세는 자신의 어릴 적 이야기를 꺼냈다.

프랑스엔 한국인 입양아 출신이 많다. 우리 대사관에서도 입양아 출신 프랑스인과 그 부모를 초청해 리셉션 행사를 개최한 적이 있다. 그래서 나는 그들 대다수가 갓난아이 때 프랑스로 왔다는 사실을 알고 있었다. 그런데 플라세는 특이하게도 만 일곱 살 때 입양되었다. 그래서 아주 흐릿하기는 하지만 입양 전 수원에 있는 고아원에서 지낸 기억을 갖고 있었다. 플라세는 그 기억 자체가 자신을 무척 힘들게 했다고 고백했다.

가장 선명한 기억은 추위였다. 고아원에 더운 물이 나오지 않아 살을 에는 듯한 한겨울에도 찬물로 세수를 했고, 잠잘 때는 너무 추워 몸을 있는 대로 웅크렸던 기억이 남아 있다고 했다.

플라세의 양부모는 이미 4남매를 둔 사람들이었다. 그러니까 플라세를 이 가족의 막내아들로 입양한 것이다. 그들은 노르망디 지역의 부유층으로 그야말로 남부럽지 않게 살고 있었다. 전형적인 부르주아 지식인인 플라세의 부모는 단지 '뜻한 바가 있어' 머나먼 한국 땅¹에서 버려진 고아를 입양하기로 결심했다. 그리고 아이의 뿌리를 그대로 지켜주고 싶어 입양할 때 한국에서 아이를 파리까지 데려다준 인도인(引渡人)²한테서 전해 받은 출생 서류와 소지품이 든 작은 가방을 고이 간직했다가 아이한테 물려주었다.

부모님은 플라세가 한국말을 잊어버리지 않도록 집에서 한국어 과외 수업을 받도록 배려했는데, 어린 플라세는 젊은 한국 여성이 한국어를 가르치기 위해 집에 올 때마다 울며불며 수업을 거부했다고 한다. 자기가 마지막으로 본 한국 사람이 바로 자기를 프랑스로 데려온 젊은 한국 여성 '인도인'이었기 때문에 그 한국 여성이 자기를 다시 한국으로 데려가기 위해 집에 오는 거라고 생각했던 것이다. 이런 상황을 알아차린 부모님이 한국어 과외를 중단시켜 플라세는 그 뒤로 한국말을 배우지 못했다.

---

1 1980년대까지만 해도 한국에서 프랑스로 가기 위해서는 지금처럼 러시아 영공을 지날 수 없었다. 서울을 출발한 비행기는 알래스카의 앵커리지 공항에 기착해 주유를 하고 거기서 다시 유럽으로 가야 했다. 20시간 넘게 걸리는 멀고도 먼 여정이었다.

2 입양 센터에서는 최종적으로 아이를 양부모에게 건넬 때 '인도인'한테 이 일을 맡긴다. 인도인이 입양아를 데리고 공항에 도착해 양부모에게 인도하는 것이다. 미국이나 유럽행 비행기를 이용하다 보면 입양아를 도착지로 데려가는 인도인을 종종 볼 수 있다. 예전에는 유학길에 오르는 한국 학생이 항공료를 절약하기 위해 이 일을 맡아하는 경우가 많았다.

플라세는 자신의 한국 이름이 '권오복'이라면서 어떤 의미가 있는지, 그리고 흔한 이름인지 물었다. 내가 내 이름에도 같은 '복' 자가 있다며 그 의미를 설명해주자 무척 좋아했다.

플라세는 무엇 하나 부족할 것 없는 집에서 가족의 따뜻한 관심과 배려 그리고 무엇보다 엄마의 각별한 사랑 속에 성장했다. 1970년대 프랑스 지방 도시에는 동양인 아이가 흔치 않던 터라 플라세는 사춘기가 되면서 극심한 혼란에 빠졌다. 중국 사람을 지칭하는 쉰토크[3]라는 비어로 놀려대는 학교 친구들과 싸움도 많이 했다. 그때마다 엄마는 플라세를 감싸 안고 밤새워 이야기를 나누며 이 외로운 한국 아이가 세상에서 가장 멋진 아이라는 생각이 들도록 해주었다.

엄마는 무조건 아들 편이었다. 항상 아들이 자기 관점과 시각을 먼저 설명하도록 기회를 주고, 또 그 이야기를 진지하게 들어주었다. 또한 어떤 상황에서든 당당할 수 있도록 가르쳤다. 어린 플라세는 그렇게 서서히 자신감이 생겨났다. 그러면서 '나를 놀리는 프랑스 애들을 이기는 방법은 공부밖에 없다'고 결심한 뒤로 '공부벌레'라는 소리를 들을 정도로 학업에 집중했다.

경영학을 전공해 회계사 자격증을 따고 금융업체에서 일하던 그에게 정치가의 길을 가도록 권한 사람은 바로 아버지였다. 플라세는 신기할 정도로 언변이 뛰어났다. 아들의 사고방식이 놀라울 정도로 논리적이고 사람을 설득하는 탁월한 능력을 갖고 있음을 발견한 아버지는 정계 입문을 조언하는 한편 자신의 주변 인맥을 소개해주었다.

---

3 chinetoque: 동양 사람을 비하하는 말로, 우리 식으로 하면 '짱깨' 정도에 해당한다.

녹색당 입당을 결심한 건 플라세의 선택이었다. 그는 미래 세계의 운명은 환경과 과학기술의 공존에 달렸다는 확고한 신념을 갖고 있었다.

장성한 그의 형제들은 모두 뿔뿔이 흩어져 살고 있다. 그러다 크리스마스나 바캉스 때 가족이 한데 모이는 날이 있는데, 그럴 때면 부모님은 다른 자녀들 역시 오랜만에 만나는 게 분명한데도 항상 플라세한테 발언권을 먼저 주고, 그의 이야기를 한마디도 빼놓지 않고 경청한다. 그리고 누나와 형들도 플라세의 '수다'에 열성적으로 맞장구를 치면서 그가 오랜만의 가족 모임을 완전히 주도하도록 도와준다고 했다.

2011년 여름, 내가 외교부 본부 공보과장으로 발령받아 한국으로 귀임한 뒤, 플라세는 상원의원에 당선되고 녹색당 원내대표로 뽑혔다. 하원 중심의 프랑스 정계에서 상원의원 대다수는 정계 원로다. 그런 풍토에서 상원의원을 하기에도 쉽지 않은데, 젊은 플라세가 원내대표로 뽑힌 데 대해 프랑스 언론은 '협상의 귀재'로 정평 난 그가 당연한 자리를 차지한 것이라고 평했다. 그는 올랑드 대통령의 사회당 정부에서 국가개혁장관을 지내기도 했다.

나는 플라세 의원의 이러한 저력은 바로 엄마에게서 비롯되었다고 생각한다. 항상 아들의 이야기에 귀 기울이고, 아들의 생각을 존중해준 엄마 말이다. 아무도 그의 말을 놀리거나 비판하거나 가로막지 않는 가족의 품속에서, 마음껏 생각한 바를 표현하도록 해준 부모형제 덕분에 그리고 무엇보다도 그러한 분위기를 주도한 엄마의 혜안 덕분에 그는 모두가 인정하는 협상 능력을 갖게 된 것이다.

플라세는 자기를 진심으로 존중해준 부모님의 사랑이 자신을 방황의 늪에서 구해내고, 앞을 바라보며 마음껏 날개를 펼치는 데 가장 큰 힘이 되었다고 말했다. 일곱 살 어린 나이에 자기를 버린 한국, 그리고 자기를 고아원으로 보낸 친부모를 용서하고 이해하는 데 30년이 걸렸다고 했다. 자신의 뿌리를, 그리고 자신의 의지와 상관없이 정해진 운명을 받아들이는 데도 마찬가지의 시간이 걸렸다고 했다. 하지만 이제는 방황도 원망도 회한도 없다고 했다. 한국에서 친부모를 찾아보고 싶다는 얘기도 했다. 그리고 상원의원에 당선되면 반드시 한국-프랑스 상원의원친선협회 회장이 되어 양국 관계 발전을 위해 일할 거라고도 했다.

그의 이런 자신감과 포부와 희망은 1970년대에 어렵게 사는 한국이라는 나라의 어린이 한 명을 자식으로 받아들여, 아무런 대가도 보상도 바라지 않고 진심 어린 사랑과 정성으로 키워낸 프랑스 엄마의 힘이었다.

나는 우리와 어울려 인삼주 한 병을 다 비우는 플라세를 보며 순수 한국인 혈통이지만 말이나 생각이나 모든 게 프랑스 사람인, 이 자신감 넘치고 패기 있는 정치가가 정말 크게 성공했으면 좋겠다는 생각을 했다.[4] 그러다 우연히 그의 손을 눈여겨보았다. 그건 보통 서양 사람과는 완연히 다른, 길고 가늘고 힘줄이 별로 도드라지지 않은 한국 사람의 고운 손이었다.

플라세는 내게 한국말을 가르쳐달라고 부탁했지만, 사실 그나 나나 그럴 만한 여유가 전혀 없었다. 지금은 한국에서도 유명인사가 되었고 한국도 자주 방문하고 있을 테니 한국말을 배울 기회가 있었길 기대해본다.

---

4 자서전《나라고 못할 건 없지(Pourquoi pas moi)》에서 플라세는 자신의 성공 비결이 한국인 DNA에 프랑스의 가정과 교육이 접목된 데서 비롯됐다고 소회를 밝혔다.

지성과 미모를 겸비한 수재:
플뢰르 펠르랭 장관

플라세를 만나고 얼마 지나지 않아 '자크 아탈리 연구소'에서 일하는 연구원 친구로부터 한국인 입양아 출신으로 어려서부터 수재로 소문났고, 지금은 감사원 고위직[5]으로 근무하고 있다는 한 프랑스 여성을 소개받았다.

2010년 가을 어느 날, 우리는 파리 시내 중심가 생토노레 거리의 고풍스러운 프랑스 식당에서 처음 만났다. 플뢰르 펠르랭(Fleur Pellerin)은 길고 가녀린 몸매에 이목구비가 뚜렷한 30대 후반의 여성으로, 자신감 넘치는 태도나 표정 그리고 세련된 옷차림이 전형적 파리지엔의 모습이었다.

그는 한국에서 온 토종 한국 여성 외교관을 만나게 된 걸 진심으로 기뻐하는 것 같았다. 식사를 하면서 내가 하는 일과 한국에 대해 여러 가지를 물었다. 내가 프랑스 말을 잘하게 된 이유를 묻더니, 곧바로 한국 여성들의 직업관을 궁금해했다. 한국에는 여성 외교관이 많은지, 여성들이 외교관이라는 직업을 선호하는지도 물었다.

그리고 한국과 프랑스 양쪽 문화를 다 잘 알고 있는 내 시각에서 보는 양국의 유사점과 차이점, 한국 사람은 프랑스 사람을 어떻게 생각하는지도 궁

---

5 프랑스의 고위직 관료는 대부분 ENA(국립행정대학원) 출신이다. ENA는 수재들만 입학하는 대표적 그랑제콜이며, ENA 졸업생 중 가장 성적이 좋은 사람을 감사원에 배치한다.

금해했다. 나는 솔직하게 내 견해를 가감 없이 이야기했고, 펠르랭은 진지하게 내 말을 들었다.

펠르랭은 학창 시절부터 알고 지내다가 감사원에서 같이 일하게 된 동료 감사위원과 결혼해 다섯 살 난 아들 하나를 두었는데, 이혼했다고 말했다. 처음 만난 사람한테 자기 이혼 경력을 아무렇지 않게 밝히는 것도 전형적 프랑스 스타일이었다.

그렇게 한참 이야기를 나누던 중 펠르랭은 아무 거리낌 없이 자기 이야기를 꺼냈다. 한국 이름이 '김종숙'인 펠르랭은 대부분의 입양아처럼 생후 6개월에 프랑스로 왔다. 양부모는 아이를 낳지 못하는 평범한 중산층이었다. 갓난아기가 조금씩 자라면서 아이한테 푹 빠져버린 양부모는 이 사랑스러운 딸이 전혀 다르게 생긴 사람들 틈에서 '미운 오리 새끼'처럼 외롭게 자랄까봐 걱정되어 한국에서 갓난아기 한 명을 더 입양하기로 결심했다. 오로지 딸만을 위해서 말이다.

아이를 입양하려면 후원금 명목으로 상당한 금액을 입양 센터에 지불해야 하고, 또 한국에 가서 이런저런 행정 처리도 해야 하기 때문에 목돈이 많이 들었지만 엄마는 넉넉지 않은 형편임에도 딸에게 진정한 가족을 만들어주고 싶었다. 그렇게 펠르랭은 한국인 여동생을 갖게 되었고, 부모는 두 딸을 지극 정성으로 키웠다.

펠르랭은 수재였다. 또래보다 2~3년 일찍 대입 자격시험인 바칼로레아에 합격했다. 이후 최고 명문 엘리트 교육 기관인 에섹(ESSEC) 그랑제콜 고등경영대학원을 거쳐 파리정치대학(Sciences-Po)과 고위 공무원 양성 기관인 국립행정대학원(ENA)을 최상위 성적으로 졸업하고 프랑스 정부 부처 중 가장 권위 있는 기관인 감사원에 들어갔다.

평범한 중산층인 펠르랭의 부모는 두 딸을 아낌없이 뒷바라지했다. 펠르랭은 어린 시절 침대에 같이 누워 이불을 뒤집어쓴 채 밤늦게까지 소꿉놀이를 하며 외롭지 않게 살아가도록 동생을 만들어준 부모의 배려가 세상에서 가장 소중한 선물이었다고 말했다.

그렇게 자신감 있고 당당하게 성장해 프랑스 상류층의 일원이 된 펠르랭은 '21세기 여성 지도자 클럽'의 회장직을 맡을 정도로 리더십을 발휘하고 있었다. 자신은 사회당을 지지하는 좌파라고 자신 있게 정치적 견해를 밝히기도 했다. 2012년 5월 대선에서 사르코지 대통령이 재선에 실패하고, 사회당 출신 올랑드 대통령이 당선되자 펠르랭은 중소기업·디지털경제 장관이 되었다. 그리고 계속 승승장구해 통상담당 국무장관을 거쳐 문화부 장관에까지 올랐다.

과연 무엇이 프랑스 사회로 하여금 한국인 입양아 출신 여성을 장관직에 앉히도록 한 것일까. 그저 단순한 정치 플레이에 불과한 것일까. 아니다. 그것은 바로 프랑스 사회가 갖고 있는 가장 큰 무기인 톨레랑스(tolérance), 즉 포용력에서 비롯된 것이다. 그리고 그 중심에 프랑스 엄마들의 저력이 당당하게 자리 잡고 있다.

프랑스는 다문화 사회다. 유럽은 물론 미국, 아랍, 아프리카, 중국, 일본, 유대인까지 갖가지 문화가 뒤섞여 있다. 프랑스 사람들은 다양한 문화를 즐길 줄 안다. 문화의 '차이'를 인정하고 있는 그대로 받아들인다. 그들은 이 차이를 '개성'이라고 부른다.

막연한 의무감에서든, 지성인을 자처하는 위선적 호의에서든, 아니면 정말 마음속에서 우러나서든 소수 집단을 배려하는 것이 하나의 문화로 자리 잡고 있다. 그런 사회이기 때문에 이역만리 한국에서 핏덩이로 버려진 여자아이를 데려와 온갖 정성을 다해 키워서 프랑스 최고의 교육을 받게 하고 장관 자리에까지 오르게 할 수 있는 것이다.

내가 본 프랑스 사회는 타인과의 차이를 인정하고 받아들이며, 단지 '차이'만으로 상대방을 무시하지 않고, 내가 존중받고 싶기 때문에 남을 존중한다는 논리를 고수하는 사회다. 그렇기 때문에 오늘날 플라세 상원의원과 펠르랭 장관이 나올 수 있는 것이다.

그들의 감동적 휴먼 스토리는 그저 소설 같은 이야기에 불과할지도 모르지만, 나는 프랑스 엄마들이 갖고 있는 '실천하는 휴머니즘'이 바로 프랑스라는 나라를 이끄는 힘이라고 생각했다.

우리는 간혹 세계 여러 나라에서 성공한 한국 입양아 출신을 치켜세우면서 막연한 동족 의식만을 앞세워 '자랑스러운 한국인'이라는 무책임한 자만심을 드러내는 경향이 있다. 그러기에 앞서 그들은 분명 그들이 자라고 배운 그 나라 국민이며, 그 나라의 수준을 대표한다는 사실을 명심했으면 좋겠다.

우리의 부끄러운 과거를 이제 와서 훌륭한 혈통 운운하며 왜곡하는 것은 어쩌면 그 과거를 더 비참하게 만드는 결과로 이어질 수도 있다. 오히려 그들이 비록 자신을 버렸지만 자기를 낳아준 부모의 나라를 자랑스럽게 여길 수 있도록 노력하는 것으로 아픈 심정을 다스려야 하지 않을까.

독한 프랑스 엄마들: 육아 원칙에 흔들림이란 없다

프랑스는 내가 20대 대부분을 보낸 나라다. 프랑스에서 유학 생활을 할 때만 해도 내가 엄마가 되어 이곳에서 내 아이들과 함께 다시 살게 되리라고는 상상조차 못했다.

공교롭게도 프랑스는 내가 두 아이를 가장 오래 키운 나라다. 큰애는 6년 반 그리고 파리에서 태어나 갓난쟁이로 6개월을 보낸 작은 애는 후에 3년 반 동안 프랑스에서 학교를 다녔다. 나 역시 7년 넘게 프랑스에서 유학을 했으니 결국 우리는 오랜 시간 동안 프랑스의 교육 제도 틀 안에서 생활한 셈이다.

1980년대에 유학생으로 7년 넘게 그리고 2000년대에는 외교관으로 7년 가까이 거의 14년을 프랑스에서 살았으니 프랑스의 문화와 역사, 프랑스인의 사고방식과 일상생활에 무척 익숙할 수밖에 없다. 그럼에도 불구하고 그들의 철저하게 이기적인 자유주의 원칙에는 여전히 적응이 잘 되지 않는다.

프랑스 사람은 모두 각자 최선을 다해 자신의 자유를 향유한다. 그만큼 다른 사람의 자유도 존중한다. 어떻게 보면 정말 깍쟁이다 싶을 정도로 남의 일에 참견하지 않고, 자기 사생활도 온전하게 보장받길 원한다. 그렇기 때문에 대통령의 스캔들 사건이 터져도 별다른 관심을 보이지 않는다. 그저 그 사람 개인의 사생활일 뿐이라는 것이다.

이는 비단 사회생활에서뿐만 아니라 가족 내에서도 마찬가지다. 부부 사이에도 각자의 생활을 존중하는 것은 물론, 부모 자식 간에도 이런 원칙은 기본적인 매너다. 따라서 이러한 생활 방식은 육아에도 그대로 적용된다. 아이로 인해 부모의 개인 생활이 방해받지 않도록 하는 것이다.

그러기 위해서는 아이들이 어른과 함께 가족으로서 사회생활을 할 수 있는 코드를 받아들이고 익혀야 한다. 아이 멋대로 떼를 써서 해결하는 것이 아니라, 가족이라는 공동체의 일원으로서 욕구를 참고 조절하는 매너를 익히는 것이다.

프랑스 부모는 대부분 맞벌이다. 여성의 사회 참여율이 85퍼센트가 넘는다. 그러다 보니 교육 자체가 이러한 사회 제도에 완전히 맞춰져 있다. 엄마의 공식적인 육아 휴직 기간이 끝나면 아이들을 사전에 예약한 유아원[6]에 맡긴다. 그리고 만 3세에 공식 유치원 의무 교육이 시작된다. 기저귀만 떼면 만 3세 이전에도 유치원에 갈 수 있다.

이렇게 어려서부터 단체 생활을 시작하는 프랑스 아이들이 가장 먼저 배우는 것은 바로 절제다. 철저하게 정해진 시간에 맞춰 하루 일과를 진행한다. 이를테면 아이들은 절대 아무 데서나 아무 시간에나 식사를 하지 않는다.

---

[6] 크레쉬(crèche)라고 부르는 유아원은 유치원 의무 교육이 시작되기 전까지 아이들을 돌봐준다. 프랑스 엄마들은 임신이 확정되면 시청이나 구청에 태어날 아이를 위한 크레쉬 자리를 미리 신청한다.

간식도 아무 때나 먹지 않는다. 구테[7]라고 부르는 정해진 간식 시간이 아니면 먹을 수 없다. 그렇게 아이들은 기다리는 방법을 배운다. 일관성 있게 그리고 일정하게 정해진 기다림은 곧 규칙적 생활을 의미한다.

아이가 조금만 떼를 쓰면 쪼르르 달려가 비위를 맞추는 관대한 우리 엄마들에 비해 프랑스 엄마들은 정말이지 독하다 싶을 정도로 엄격하고 단호하다. 아이가 잘못하면 체벌도 불사한다. 좀 심한 경우에는 다른 사람들 보는 앞에서 어린 아이의 뺨을 때리는 엄마도 있다. 엉덩이 몇 대 정도는 아주 예사다. 마트에서 장난감을 사달라고 조르다가 엄마한테 끌려 나가는 아이들도 종종 눈에 띈다. 어떤 때는 '진짜 친엄마가 맞나' 하는 생각이 들 정도다.

놀이터에서 놀다가 다른 아이한테 해코지를 하거나, 놀이 기구 타는 순서를 어기거나, 남의 물건을 빼앗다가 엄마한테 들키면 그 자리에서 바로 벌을 내린다. 아울러 그날의 놀이터 일정은 거기서 끝난다. 잘못을 저지른 순간 가차 없이 합당한 벌을 내리는 것이다. 철저한 인과응보 원칙이다. 그렇게 아이들은 뭔가를 잘못했을 때는 그에 따른 벌을 받는다는 논리와 체계를 익힌다.

이는 엄마의 기분이나 상황에 따라 매번 달라지는 주먹구구식 야단치기가 아니라 원인과 결과, 잘못의 경중, 반성과 반복 여부 등 정해진 요건에 맞춰 계획과 예측이 가능한 육아 방식이다. 이렇게 성장한 아이들은 공공질서와 공중도덕, 사회 체계를 충분히 익힌 상태에서 사회인이 된다.

프랑스 아이들이 잘못을 했을 때 받는 가장 큰 벌은 뺨이나 엉덩이 때리

---

7 goûter: '맛보다'라는 의미로, 간식을 일컫는 말이다

기가 아니라 바로 '디저트 생략'이다. 매사에 첫째, 둘째, 셋째 식의 삼단논법으로 '우다다다' 쏜살같이 말하길 좋아하는 프랑스인이 숭배하는 3단계 식사법. 그중에서도 후식, 즉 디저트에 대한 그들의 애착은 대단하다. "오늘 저녁엔 디저트 없다!" 이는 아이들에게 청천벽력을 넘어 최악의 가혹 행위에 해당한다. 아이들은 저녁밥을 본식까지만 먹은 뒤 다른 가족이 맛난 디저트를 먹는 동안 식탁에서 쫓겨나 '반성'의 시간을 갖는다. 프랑스 아이들이 이 벌을 그리도 겁내는 걸 보면 효과가 큰 게 분명한 듯하다.

자기 아이가 뭔가를 하고 싶어 하는데 그걸 못하도록 막는 것을 즐기는 엽기적인 엄마는 세상에 없다. 다만 언제나 모든 것을 마음대로 하도록 방치하는 것은 부모로서 아이한테 가르쳐야 하는 기본적인 사회적 책임을 유기하는 것이다. 아이는 언젠가 사회생활을 시작해 공동체의 일원으로 살아가야 하는 엄연한 사회인이기 때문이다.

부모가 조금만 틀을 잡아주고 아이한테 할 수 있는 것과 해서는 안 되는 것, 잘한 것과 잘못한 것에 대한 판단 기준을 명확하게 제시하면 아이는 사회생활을 하며 부모한테 배운 그 기준을 지혜롭게 적용할 수 있다. 아이가 사회인으로서 행복하게 살 수 있는 탄탄한 길을 부모가 닦아주는 것이다.

내 아이가 최고이고, 기가 죽어서는 안 되고, 불편해서도 안 되고, 뒤처져서도 안 된다는 엄마들의 억지스러운 자가당착이 아이를 사회에 적응하지 못하는 사람으로 만들어버린다. 사회에서는 아무도 내 아이를 최고로 대우해주지도, 무조건 기를 세워주지도, 항상 편리하게 해주지도 않는다. 그런 사회에 적응해 타인과 함께하며 살아나갈 수 있어야 한다. 바로 그렇기 때문에 내 아이가 훌륭한 사회인으로 성장하려면 엄마가 좀 더 단단해져야 한다.

버릇없는 아이는
엄마가 만든다

프랑스 부모들이 가장 치욕스러워하는 것은 자기 아이가 '버릇없다'는 지적을 받을 때다. 아이가 버르장머리 없고 멋대로 굴 때, 또 부모가 그걸 다 받아줄 때 이를 흉보는 표현이 하나 있다. '앙팡-루와.' 즉 '꼬마 제왕'이라는 뜻이다. 아이가 집안의 '폭군'으로 군림하도록 내버려두는 육아 방식을 꼬집는 말이다.

아이가 집안의 왕이려면 누군가는 몸종이어야 한다. 대부분의 경우 엄마가 그 역할을 한다. 자기 말을 무조건 들어주는 엄마의 태도에 익숙한 아이들은 자라서도 세 살 적 버릇을 결코 버리지 못한다.

프랑스 엄마들이 특히 신경 쓰는 부분은 아이 훈육의 일관성이다. 상황에 따라, 경우에 따라 적당히 봐주기 시작하면 아이들은 엄마 눈치를 보거나 교묘히 무마하는 방법을 찾아내기 때문이다.

보통 엄마들은 다른 집에 놀러가거나, 자기 집에 손님이 와 있거나, 여러 가족이 함께 있는 자리에서는 자기 아이가 잘못을 저지를 경우 다른 사람의 눈치도 보이고 민망하기도 해서 아이를 심하게 야단치지 못한다. 얼른 상황을 무마하고 그저 태연한 척하기 바쁘다. 하지만 프랑스 엄마들은 그야말로 가차 없다. 오히려 그 아이 부모에게 자기들을 의식하지 말고 아주 따끔하게 야단치라고 조언한다. 그것이 가까운 친구로서 정말로 서로를 위하는 마음이라고 생각한다.

내가 프랑스에서 유학하던 시절의 이야기다. 1987년 즈음인 것 같다. 논문 지도를 받기 위해 교수님 댁을 찾아갔다. 내가 제출한 리포트를 놓고 거실에서 한참 이야기를 나누고 있는데 교수님의 아들이 들어왔다. 키만 컸지 아직도 볼에 난 솜털이 보송보송한 고등학생이었다. 아이는 무언가를 찾고 있는 듯했다.

부스럭대는 소리가 신경을 거슬렀는지 갑자기 교수님이 자리에서 일어나더니 아들한테 버럭 화를 내기 시작했다. 옆에 있는 나는 안중에도 없는 것 같았다.

그 집의 거실 한쪽 벽면은 붙박이 책장으로 되어 있었는데, 책장 아래쪽에는 빼곡하게 짜 넣은 서랍이 죽 있었다. 서랍이 워낙 많아 어디에 무엇이 들어 있는지 기억하기도 만만치 않아 보였다.

"너 지난번에 가위 쓰고 어디다 넣은 거야! 가위는 항상 두 번째 서랍 안에 정리하는 거잖아. 네가 한 번 쓰고 제자리에 놓지 않으니 다른 식구들이 서랍을 온통 뒤져대잖니. 그러니까 너도 지금 네가 쓸 물건을 못 찾고 여기저기 뒤지는 거고! 너 혼자 사는 집도 아닌데 왜 그렇게 질서를 안 지키는 거야? 똑바로 안 할래, 정말!"

교수님은 민망할 정도로 아들을 몰아세웠다. 괜스레 나까지 주눅이 들어 멋쩍어졌다.

아빠의 제자가 있는 자리에서 망신을 당한 아이는 한마디 대꾸도 못한 채 실컷 훈계를 들은 뒤에야 거실에서 나갈 수 있었다. 손님 앞에서 나름 상당히 자존심이 상했을 것이다.

"큰 소리 내서 미안합니다. 바로 그 자리에서 야단을 치지 않으면 좀처럼 버릇을 고칠 수가 없거든요."

"교수님, 저는 교수님께서 제 리포트가 너무 마음에 안 들어 기분이 나쁜 차에 마침 아드님이 들어와서 저 들으라고 일부러 심하게 아드님을 혼내시는 것 같아 조마조마했어요."

평소 지도교수한테 하도 야단을 많이 맞다 보니 지레 겁이 났던 것이다.

"하하하, 그렇다면 일석이조네요. 우리 아들 녀석은 미술을 전공할 거예요. 재능은 있어 보이는데, 항상 뭔가에 정신이 팔려 있는 느낌이에요. 야단을 많이 맞는 편이죠. 신경 쓰지 마세요."

다 큰 아이한테 그 정도니 어렸을 때는 정말 굉장했겠구나 하는 생각이 들었다. 우리나라 부모 같으면 장차 예술가로 성장할 아들의 재능을 보호하기 위해서라도 많이 봐주고 들어갈 텐데, 왜 저렇게까지 엄하게 하나 싶은 의문도 들었다. 게다가 아무리 제자라고는 하지만 손님 앞에서 자기 아이를 심하게 야단치는 것도 우리에게는 다분히 생소한 문화다.

하지만 이것은 비단 어느 특수한 한 가정의 이야기가 아니라, 프랑스 부모들이 공통적으로 갖고 있는 교육 방침이다. 아이에게 일관된 훈육을 하기 위해 잘못을 한 그 자리에서 누구의 눈치도 보지 않고 곧바로 야단을 치는 것이다.

프랑스의 식사 예절:
육아의 기초

정상적인 대부분의 프랑스 가족은 아이들과 함께 식탁에 앉아 정해진 시간에 식사를 한다. 아이들은 집에서든 밖에서든 보통 두 시간 정도 이어지는 디너 테이블에서 부모와 함께 끝까지 식사를 같이한다. 식사 자체가 코스로 구성되어 있다 보니 시간도 길 수밖에 없다.

TV를 보는 아이한테 밥을 먹이기 위해 밥그릇을 들고 따라다니는 프랑스 엄마는 상상하기 어렵다. 프랑스 엄마들이 아이를 대하는 태도는 그 문화와 육아철학을 모르는 외지인이 보면 '계모인가?' 하는 생각이 들 정도로 매몰차다.

겉으로는 자유분방하고 제멋대로인 것처럼 보이는 프랑스 사람들이지만 자기 아이가 식당에서 마음대로 돌아다니거나 다른 사람에게 피해를 주는 것은 절대 용납할 수 없는 일이다. 공공장소에서는 에티켓을 철저하게 지켜야 하기 때문이다.

2017년 12월 한겨울, 대사 부임을 앞두고 잠시 한국에 있을 때였다. 저녁을 먹기 위해 서초동의 분위기 있는 자그마한 레스토랑에 들렀다. 좀 이른 시간이어서인지 우리 테이블 말고는 손님이 아무도 없었다. 모처럼 한가롭고 조용한 저녁 시간을 즐기고 있는데, 한 부부가 대여섯 살 정도 되어 보이는 사내아이를 데리고 들어왔다.

우리 테이블하고는 제법 떨어진 곳에 앉은 터라 처음에는 별다른 방해를 받지 않고 식사를 계속할 수 있었다. 그런데 시간이 좀 지나자 사내아이가 온 레스토랑을 돌아다니기 시작했다. 여기저기 자리를 옮기며 이리 앉았다 저리 앉았다 의자를 삐걱거리고, 테이블 위를 손에 든 장난감으로 콕콕 찍으면서 돌아다니는데 여간 신경이 거슬리는 게 아니었다.

하지만 정작 아이 부모는 아무런 반응도 없이 그냥 아이를 내버려둔 채 자기들 음식 먹는 데 집중하고 있었다.

보다 못한 나는 마침 내 근처로 다가온 아이한테 "얘, 그렇게 돌아다니지 말고 자리에 앉아서 밥 먹어라" 하고 주의를 주었다. 아이는 이내 자기 자리로 돌아갔지만 뒤에서 아이 엄마의 잔뜩 볼멘 목소리가 들렸다.

"아니, 애가 뭐 얼마나 돌아다녔다고 그래. 진짜 별꼴이야."

순간 '그러면 그렇지' 하는 생각이 들면서 아이 엄마, 아니 더 나아가 보편적인 우리네 엄마들에 대한 실망감이 밀려왔다. 도대체 뭐가 자기 아이를 위하는 것인지 모른다는 게 너무 안타까웠다. 아이 교육을 그렇게 시킨 것에 대해 창피해하거나 미안해하는 생각이 조금도 없다는 사실이 실로 어이없었다.

프랑스 엄마들은 아이가 이유식을 먹을 때쯤부터 확실한 식사 예절을 가르친다. 정해진 식사 시간이 되면 턱받침을 두르고 식탁 앞 유아 의자에 앉히고 이유식을 먹인다. 주중의 대부분 시간을 유아원에서 보내는 아기들은 밖에서나 집에서나 이렇게 식사하는 데 익숙해진다.

이리저리 돌아다니는 아이 뒤를 따라다니며 오로지 한 숟갈이라도 더 먹이는 데서 희열을 느끼는 우리 엄마들이 바로 자기 아이를 '꼬마 폭군'으로 키워내는 장본인이다. 그렇게 성장한 아이가 어떻게 자리에 앉아 장시간 식사하는 예절을 배울 수 있겠는가. 내 아이가 모두의 눈살을 찌푸리게 만드는 '꼬마 폭군'이 되어 손가락질당하는 걸 좋아할 부모는 한 명도 없을 것이다. 그렇다면 우선 자기 아이의 하인을 자처하는 행동부터 그만두어야 한다.

일반적인 프랑스 가정의 식사 시간은 우리에 비해 좀 늦은 편이다. 엄마 아빠가 퇴근해서 음식 준비를 해야 하므로 보통 저녁 7시 30분쯤에 식사를 시작한다. 프랑스의 저녁 메인 뉴스 시간이 8시인 것도 하루의 소식을 정리하는 뉴스를 보며 식사하는 사람이 많기 때문이다.

아이들은 엄마 아빠와 다 같이 식탁에 앉아 밥을 먹는다. 아이가 빵을 집어 들고 식탁 중앙에 놓인 큰 덩어리의 버터를 자기 나이프로 덜어서 곧바로 빵에 바를라 치면 엄마나 아빠 둘 중 인내심이 좀 더 적은 사람의 손바닥이 아이의 손등을 여지없이 찰싹 내려친다.

"버터는 먹을 만큼 자기 접시에 먼저 덜어놓은 다음 자기 빵에 발라야 한다고 했잖아! 도대체 똑같은 말을 몇 번이나 되풀이해야 제대로 하겠니? 네 나이가 몇 살인데 아직도 내가 이런 지적을 해야 하니, 응? 다음에 또 그러면 아예 밥을 못 먹을 줄 알아!"

단호하고도 쏜살같이 날아드는 부모의 지적에 아이는 그야말로 중죄라도 지은 사람처럼 쪼그라든다. 그런 상황에서 화장실에 다녀오기 위해 양해를 구하고 자리에서 일어난다면 모를까, 자기 마음대로 식탁을 떠나거나 식당 안을 쓸데없이 돌아다니는 것은 상상도 하기 어렵다.

어린 아이한테 너무 가혹한 것 아니냐는 반박도 있을 수 있다. 하지만 이

독한 프랑스 엄마들은 아이의 장래를 내다보고 좀 더 거시적인 관점에서 악역을 자처하고 있는 것이다. 아니, 그 어떤 엄마도 자기가 그렇게 보인다는 사실 자체를 의식하지 못한다. 너무나 당연하고 자연스러운, 그리고 공통된 육아 원칙이기 때문이다.

어린 나이부터 유아원과 유치원엘 다니고 곧바로 공동생활에 적응해야 하는 아이한테는 집에서나 밖에서나 일관된 생활 방식을 갖고 살아가는 게 훨씬 편할 것이다. 집에서는 '꼬마-제왕'으로 살다가 유치원에 가서 '꼬마-무수리' 취급을 받는다면 거기서 느끼는 상대적 박탈감을 감당하기 어려울 테고, 아이한테는 이보다 더 큰 불행이 없을 것이다.

1-7
공공 예절을 배운 아이와
사회생활을 함께하는 엄마

그렇게 절제하고 기다리고 에티켓을 지키도록 교육받은 아이들은 자연스럽게 부모와 함께 외식도 하고, 취미 생활도 함께할 수 있다.

파리에서 네 살 난 큰애를 데리고 바스티유 오페라 극장에 가서 〈트리스탄과 이졸데〉 오페라 공연을 본 적이 있다. 오페라를 같이 보기에는 아이가 좀 어린 게 아닐까 하고 망설이기도 했지만, 이번 기회를 놓치면 다시 이 오페라를 보기가 쉽지 않을 것 같아 과감하게 결정을 내렸다. 그런데 정작 오페라 극장에 도착해서는 나의 망설임이 참으로 부질없는 짓이었음을 곧바로 깨달을 수 있었다.

3시간이 넘는 긴 오페라임에도 불구하고 어린 아이들과 함께 온 부모들이 무척 많았다. 아이들 대부분이 오페라 감상이라는 특별한 이벤트에 대한 성의 표시로 잘 차려입고 정해진 자리에 앉아 얌전히 기다리고 있었다.

TPO[8], 이른바 '때와 장소 그리고 상황'에 맞춰 옷을 차려입는 것은 곧 상대방과 나 자신에 대한 존중을 의미하며, 프랑스 아이들은 이러한 의복 코드에 어려서부터 익숙한 편이다. 아이들의 자세에서 자신이 이런 멋진 오페라를 감상하고 있다는 일종의 자부심이 느껴졌다.

참으로 신기한 것은 대여섯 살밖에 안 된 아이들이 제자리에 앉아서 오페라를 끝까지 감상했다는 사실이다.

의자에서 몸을 배배 틀거나 칭얼대거나 먹을 것을 달라고 보채는 아이는 없었다. 앉은 채로 잠든 아이는 있을지언정 옆 사람에게 방해가 되는 행동을 하는 아이는 찾아볼 수 없었다.

우리나라에서는 그런 또래의 아이들은 오페라 극장에 입장하는 것 자체가 불가능하다. 아이들 때문에 오페라 감상에 방해가 될 것이 분명하기 때문이다. 당연히 아이들과 함께할 수 있는 문화생활의 폭이 제한적일 수밖에 없다. 그래서 한국에는 어른들이 아이들한테 방해받지 않고 즐길 수 있는 이른바 '노 키즈 존(No Kids Zone)'이 점점 늘어나고 있다.

---

8 Time, Place, Occasion을 뜻하는 말로, 때와 장소 그리고 상황에 맞춰 차려입는 옷차림 에티켓을 지칭한다.

프랑스에는 '노 펫 존(No Pet Zone)'은 있어도 '노 키즈 존'은 없다. 어른들과 함께 생활해도 아이들이 알아서 공공 예절을 지키도록 훈련받으니 굳이 아이들을 꼭 집어 입장을 금지시킬 필요가 없는 것이다. 그러다 보니 가족 단위로 여가를 즐길 수 있는 선택의 폭이 그만큼 넓고, 함께 공유할 수 있는 추억도 많다.

프랑스 사람들이 각자의 자유를 만끽하는 바탕에는 바로 이러한 절제와 인내라는 성장 과정의 아픔이 배어 있다. 하지만 학교와 집에서 누구나 일관되게 받는 교육인 만큼 아무도 그것을 고통으로 느끼지 않는다. 그렇기 때문에 그들은 커서 각자 자신의 자유를 주장하는 데 당당하고 거리낌이 없다. 스스로 쟁취해낸 특권이기 때문이다.

1-8
무분별한 엄마가 만들어낸
'앙팡-루와'는 국가의 망신

독한 프랑스 엄마들이 어떻게 아이들을 키우는지 프랑스에서 큰애를 3년 동안 유치원에 보내며 직접 지켜본 나는 나름대로 그런 교육 방식에 익숙해졌다.

2006년 2월, 2년 동안의 서울 외교부 본부 생활을 마치고 튀니지로 부임했을 때 큰애는 초등학교에 입학해 자기 갈 길을 가기 시작했고, 작은애는 안간힘을 쓰며 해외 생활의 걸음마를 딛고 있었다.

둘째가 다니는 프랑스 유치원에서는 주말이면 프랑스 사람들이 모여 종종 자기들끼리의 커뮤니티 행사를 개최하곤 했다. 유치원 학부모들도 행사에 초대받았는데, 어느 날 오후 우리 식구 모두가 그 행사에 참석하게 되었다. 사진 전시를 관람하고 프랑스식으로 차려놓은 간단한 아페리티프를 먹은 다음 놀이터에 들렀다.

놀이터에서는 몇 명의 튀니지 아이들이 부모들과 함께 놀고 있었다. 자기 텃밭에 온 둘째는 보란 듯이 곧바로 미끄럼틀로 달려갔다. 또래들보다 훨씬 키가 작은 데다 아직 프랑스말도 서툰 아이가 주눅 들지 않고 나름 씩씩하게 행동하는 모습이 대견하다 싶었는데, 바로 그때 미끄럼틀 꼭대기에서 한심하기 짝이 없는 상황이 벌어졌다.

둘째가 미끄럼틀을 타려고 계단을 올라가 꼭대기에 막 서는 순간, 뒤따라 올라온 튀니지 남자아이가 갑자기 우리 아이 뒷덜미를 확 잡아당겼다. 그러곤 우리 아이를 밀치고 자기가 먼저 미끄럼틀을 타고 내려왔다.

그런 얌통머리 없는 부정행위를 보고 그냥 얌전히 당하고 있을 둘째가 아니었다.

미끄럼틀 꼭대기에서 밀침을 당한 채 서 있던 둘째는 그 남자아이가 미끄럼틀을 타고 내려오는 것과 동시에 요란하게 울음을 터뜨렸다. 내가 보기에는 좀 오버하는 느낌도 있었지만, 둘째는 자기한테 주어진 권리를 사용해 있는 힘껏 그 아이의 부당한 행위를 고발하고 있었다.

"세 쿠와 사?[9]"

울음소리가 들리자 저쪽 구석에서 다른 튀니지 엄마들과 한창 수다를 떨던 그 남자아이의 엄마가 냅다 소리를 지르며 자기 아이한테 뛰어갔다. 튀니지 엄마는 무슨 싸움판이라도 벌어졌는가 싶어 요란한 제스처를 하면서 호들갑을 떨었다.

그 엄마는 여느 부유층 튀니지 여자처럼 터질 듯이 뚱뚱한 몸에 비즈가 사방에 달린 꽉 끼는 아르마니 청바지와 가슴이 유난히 푹 파인 디오르 티셔츠를 입고 있었다. 금발로 염색한 머리 위에는 D&G 로고가 유난스럽게 박힌 선글라스가 얹혀 있었다. 명품으로 치장한 그 엄마의 다소 과격해 보이는 제스처에는 '난 돈 좀 있는 남다른 여자야'라는 궁극의 메시지가 담겨 있었다.

"무슨 일이죠, 마담? 댁의 아이가 왜 저렇게 우는 거죠?"

그 엄마는 고갯짓으로 우리 아이를 흘낏 가리키며 내게 물었다.

"그 댁 아들이 미끄럼틀을 먼저 타려고 우리 아이를 밀쳐버렸답니다."

나는 당연하게 있을 그 엄마의 사과를 기대하며 대수롭지 않게 대답했다. "애들이 다 그럴 수도 있죠, 뭐"라고 나름 관대하게 대처할 마음을 먹은 것도 잠시, 그 엄마의 반응은 너무나 의외였다.

"아니, 뭐 아이들이 그럴 수도 있죠. 우리 아들이 세 살밖에 안 됐는데, 세 살짜리 아이가 뭘 알겠어요. 마담네 딸이 좀 유별나군요. 별것도 아닌 걸 가지고 저렇게 울다니."

---

9 C'est quoi ça?; "이거 뭐지?"라는 뜻의 프랑스어

그 엄마는 사과는커녕 오히려 내게 불평을 하고 있었다.

더 어이없는 말은 그다음이었다.

"괜히 아무것도 아닌 일로 우리 아들만 놀랐을 거 아니에요. 댁의 애가 참 유난스럽네요."

그러더니 자기 아들을 의기양양하게 번쩍 안더니 우리 아이한테 눈길 한 번 주지 않고 놀이터를 성큼성큼 떠났다.

어이가 없었다. 정상적인 엄마라면 먼저 "미안하다"고 사과한 다음 자기 아이한테 "그러면 못 쓴다"고 말하고 "친구한테 미안하다고 해"라고 하는 게 통상적인 수순이다. 막연하게 그런 정도의 프로세스를 기대했던 나는 완전 뒤통수를 얻어맞은 기분이었다. 나는 순간적으로 이런 판단을 내렸다. '아, 이런 정도의 마인드라면 대화가 안 되겠구나. 그냥 상대하지 말자.'

단체 생활을 시작하면서 가장 먼저 배우는 것이 줄을 서고, 자기감정을 자제하고, 참을성을 기르는 것이다. 그런 기본적인 매너의 가치 자체를 부정하는 부모 밑에서 자란 아이들이 유치원에서라고 다를 수 있겠는가. 결국 이것은 근본적인 문화의 '차이'일 수밖에 없었다. 실제로 유치원 선생님들은 튀니지 부자 학부모들의 횡포가 두려운 나머지 아이들이 아무리 말썽을 부려도 절대 엄하게 야단치지 못하고 쩔쩔 매기 일쑤였다.

사실 나는 튀니지에서 지낸 2년 동안 어디에서도 질서 있게 줄을 서는 장면을 본 적이 없다. 아침 출근 시간마다 버스 정류장에 수많은 인파가 몰려들지만, 잘 뛰고 잘 밀치는 사람이 먼저 타면 그만이었다. 쓰레기는 그냥 길거리에 휙 던져버리면 끝이다. 차를 타고 가다가도 쓰레기를 비닐봉지째 그냥 차창 밖으로 던져버린다. 온 국토가 쓰레기 더미다.

후진국에서 근무하는 어려움은 비단 물리적인 생활 환경에 따른 것만 있는 게 아니다. 한여름이면 머리가 벗겨질 것처럼 이글거리는 태양과 섭씨 50도까지 올라가는 기온, 매미만 한 바퀴벌레가 들끓고 침실에까지 도마뱀이 어슬렁거리는 몹시 자연 친화적인 환경만이 삶의 난이도를 결정짓는 잣대는 아니라는 얘기다. 그 나라의 보편적 문화 수준, 사회 질서, 정치적 안정, 이 모든 것이 하루하루의 일상생활과 직결되기 때문이다.

1-9
일등 국가는
일등 엄마들이 만든다

나는 외국에 근무하면서 그리고 다른 나라 외교관과 교류하면서 밖에서 바라본 우리나라, 다른 나라 사람들 눈에 비친 우리나라의 모습은 어떨까 종종 생각해보곤 한다. 특히 1960~1980년대에 유럽이나 미국 같은 서양 외교관들은 한국에 근무하면서 어떤 생각을 했을까. 당시 한국에 주재하는 외교관들의 눈에 한국이라는 나라 그리고 한국 사회는 대체 어떤 모습으로 비쳤을까.

나는 줄곧 서울에서 학교를 다녔지만 1978년 고등학교에 입학해서야 난생처음 수세식 화장실이 있는 학교에 다닐 수 있었다. 그때의 시외버스 터

미널이나 고속도로 휴게실 화장실을 돌이켜보면 당장이라도 밥맛이 뚝 떨어질 정도로 더러웠다.

전 세계를 무대로 활동해야 하는 외교관이지만 생활 환경이 열악한 후진국에서 근무할 때는 정말이지 이 화장실 문제가 가장 골칫거리다. 몇 시간씩 차를 타고 지방 출장을 가야 하는 경우에는 화장실에 들를 일을 미연에 방지하기 위해 물도 마시지 않는다. 그럼에도 불구하고 화장실을 가야 하는 상황이 발생하면 발을 동동 구르기 일쑤다. 따라서 가는 길에 그나마 사용 가능한 화장실 위치를 파악해놓는 것은 당연히 필수다.

우리가 세계 각국을 몇 가지 카테고리로 나누어 분류하는 것과 마찬가지로 다른 나라들도 최근까지 한국을 '험지-특수지'로 분류했다는 사실을 아는 우리 국민이 얼마나 될까. 객관적 기준으로 볼 때 대한민국은 북한과 휴전 상태에 있고, 항상 전쟁의 위험이 도사리고 있는 나라다. 그 때문에 외국 정부는 자국 외교관을 파견할 때 한국을 근무 환경이 어렵고 정세가 불안한 '특수지'로 분류해왔다.

지금은 대부분의 나라가 한국을 이 '특수지' 카테고리에서 제외시켰지만, 우리 스스로 공중 화장실이나 도로 환경을 개선하기 위해 얼마나 비장한 각오로 캠페인을 펼치고 중앙정부와 지방자치단체가 팔을 걷어붙이고 나섰는지 돌이켜보면 실로 격세지감을 느끼지 않을 수 없다. 우리 고속도로 휴게실에 잘 정비된 화장실이 갖춰진 건 언제부터인가. 지하철과 버스 정류장에서 질서 있게 줄을 서기 시작한 것은 과연 언제부터인가. 대한민국이 한류로 온 세계를 열광시키기 시작한 건 언제부터인가.

내가 근무했던 튀니지나 알제리 사람들이 아무리 집에서까지 프랑스어를 쓰고, 프랑스 명품을 뒤집어쓰고, 프랑스 음식을 먹고, 프랑스 TV를 보며 지내도 진짜 프랑스인이 되지 못하는 이유는 엄마들의 의식 수준이 프랑스 엄마들을 따라가지 못하기 때문이다.

한 국가의 미래를 책임지고 있는 사람은 바로 미래의 주역을 길러내는 엄마들이다. 엄마들이 제대로 된 의식을 갖추지 못하는 한 그 나라의 미래는 결코 밝을 수 없다. 누군들 자기 자식이 귀하지 않겠는가. 귀한 만큼 어릴 때부터 올바른 교육을 통해 훌륭한 국가의 훌륭한 국민으로 키워내는 지혜, 그것이 바로 엄마의 몫이다. 일등 국가는 일등 엄마 없이 절대 불가능하기 때문이다.

2부

프랑스 엄마가
주축이 된 사회 문화

프랑스 엄마들이 매일 아침마다 유치원이나 학교 앞에서 아이를 교실로 들여보낼 때, 아니면 다른
사람 집에 아이를 맡기거나 공공장소에 아이를 따로 있게 할 때 공통적으로 하는 말이 있다. 그건
바로 "사쥬하게 행동해라!"는 한마디다.

'사쥬(sage)'는 '현명한'이라는 뜻이다. 가령 식당이나 카페 같은 장소에서 그냥 "얌전히 있어!"라고
만 하면, 아이는 그 시간 동안 참고 견디면서 길들여진 행동을 해야 하는 동물 취급을 받는 것과 다
름없다. 하지만 '사쥬하게 행동해라'는 말은 이미 아이 스스로 자신을 통제할 수 있는 지혜를 갖추
고 있다는 걸 의미한다.

The Power of
French Mother

프랑스 엄마들의 육아 목표:
아이와 함께할 수 있는 삶을 만들자

우리의 공공질서나 에티켓이 괄목할 만한 성장을 이룬 것에 비해 여전히 고쳐지지 않는 분야는 바로 자녀교육이다. 식당에서 자기 아이들이 여기저기 돌아다니며 다른 손님 물건을 만지거나 종업원의 서빙을 방해해도 그냥 두는 우리나라 부모는 정말이지 타고난 관대함에 기막힌 인내심까지 소유한 사람들로밖에 볼 수 없다.

이는 뒤통수에 꽂히는 다른 사람들의 경멸의 눈초리를 보지 못하거나, 아예 외면하기 때문에 벌어지는 일이다.

8세 미만의 어린이 손님은 받지 않습니다.
일부 매너 없는 부모님들 덕분에
고심 끝에 내린 결정입니다.
죄송합니다.

이른바 '노 키즈 존'이다. 요즘 우리나라에는 '노 키즈 존' 식당이 늘고 있다. 어린 아이를 동반한 부모의 출입을 아예 금지하는 것이다. 일부 몰지각한 부모가 아이들이 함부로 뛰어다니는 것을 방치해 다른 손님에게 피해를 입히고 영업에도 방해를 주기 때문이다. 쾌적한 분위기에서 식사해야 하는 손님들의 정당한 권리를 보호하는 차원에서 이런 정책은 당연하다고 할 수 있다. 사회 현상의 일부가 되어버린 이 '노 키즈 존'이라는 어휘에 대해 국립국어원에서는 '어린이 제한 공간'이라는 용어를 제안하기도 했다.

문제는 '절제'다. 할 수 있는 것과 해서는 안 되는 것에 대한 판단력은 교육을 통해 그리고 주변 환경과의 교감을 통해 배워야 하는 기본적인 사회성이다. 그럼에도 불구하고 우리 부모들은 아이에 대한 과도한 애정과 집착으로 인해 이런 사회성을 배울 기회와 권리를 박탈해버린다.

우리나라에도 잘 알려진 프랑스의 아동 발달 심리학자 디디에 플뢰[10]는 좌절과 결핍을 배우지 못한 이런 꼬마 독재자는 빠른 시간 안에 부모의 권위를 빼앗고 '폭군'이 된다고 지적했다. "우리 애는 아무도 못 말려요"라며 쉽게 항복하고 비위를 맞추는 부모 밑에서 자란 아이는 행복하지도 않을뿐더러 결국 커서도 자제력 부족으로 인해 고통받는 충동적인 '성인 아이'가 된다는 것이다.

플뢰는 또한 "사랑한다는 것은 'No'라고 말할 줄 아는 것이다"라고 강조한다. 할 수 있는 일과 할 수 없는 일, 가능한 것과 가능하지 않은 것에 대한 간단한 규칙만으로 아이를 얼마든지 가르칠 수 있다는 것이다. 아이를 밀든 당기든 이 필연의 끈을 통해 제어하면 된다는 얘기다. 아울러 교육이란 불완전하지만 어디까지나 독립적 인격체인 아이를 그 자체로 존중하면서 '올바른 시민'으로 키워내는 일이라고 말한다.

---

10 Didier Pleux: 1952년생으로 《행복한 아기》, 《아이의 회복 탄력성》 등 아동 심리에 관한 많은 저서가 있다.

프랑스 엄마들이 매일 아침마다 유치원이나 학교 앞에서 아이를 교실로 들여보낼 때, 아니면 다른 사람 집에 아이를 맡기거나 공공장소에 아이를 따로 있게 할 때 공통적으로 하는 말이 있다. 그건 바로 "사쥬하게 행동해라!"는 한마디다.

'사쥬(sage)'는 '현명한'이라는 뜻이다. 가령 식당이나 카페 같은 장소에서 그냥 "얌전히 있어!"라고만 하면, 아이는 그 시간 동안 참고 견디면서 길들여진 행동을 해야 하는 동물 취급을 받는 것과 다름없다. 하지만 '사쥬하게 행동해라'는 말은 이미 아이 스스로 자신을 통제할 수 있는 지혜를 갖추고 있다는 걸 의미한다.

얼마 전 국내 한 포털 사이트 카페에 올라온 글을 읽으며 씁쓰름한 마음을 금할 수 없었다. 상황 자체가 너무나 선명하게 연상되었기 때문이다.

"식당에 기저귀 갈고 놔두고 가지 마세요."

이렇게 적힌 제목 밑에는 좌식 식당 테이블 아래 돌돌 말린 채 놓여 있는 아기 기저귀를 찍은 사진이 있었다. 처음엔 제목만 보고 고개를 갸우뚱했던 나는 이 사진을 보자 단박에 상황을 파악할 수 있었다.

식당에서 식사 도중 아이가 볼일을 보았고, 엄마는 그 자리에 그대로 앉은 채 보란 듯이 아이 기저귀를 갈아준다. 그런 다음 기저귀를 돌돌 말아 바닥에 놓은 채 손도 씻지 않고 식사를 한다. 이윽고 그들이 떠난 자리엔 기저귀만 달랑 놓여 있다.

이 글에는 다음과 같은 댓글이 달려 있었다. "아이가 모든 일의 만능 우선순위가 아니에요." "아이는 자기한테만 귀한 자식일 뿐 다른 사람한테는 그저 남이에요." "저도 이런 몰상식한 사람 종종 봐요. 식당 주인이 노심초사

말도 못하고 안절부절못해요." "아이들이 뛰어다녀서 놀이터인지 식당인지 분간이 안 돼요."

과연 이것이 1인당 국민소득이 3만 달러를 돌파해 스스로 일등 국가를 외치는 국가의 국민이 인터넷상에서 주고받는 대화인지 다 같이 진지하게 고민해볼 일이다.

아이와 더불어 엄마도, 아니 아이보다 엄마가 먼저 '사쥬'하게 행동해야 한다. 나와 내 아이 중심의 삶이 아니라, 공공질서를 지키며 타인도 존중할 줄 아는 삶을 살도록 교육하는 것이 내 아이와 내 나라, 그리고 궁극적으로 엄마 자신까지 모두 다 '사쥬'하게 살 수 있는 길이다.

2-2
아이를 대하는 태도: 일관성과 단호함

내가 프랑스에서 유학할 때의 일이다. 친하게 지내던 한국인 유학생 중에 발달장애 딸을 둔 한 부부가 있었다. 이 아이는 엄마가 난산 끝에 자연분만을 포기하고 급작스럽게 제왕절개로 출산을 하면서, 의학적 실수로 인해 산소 공급이 몇 분간 중단되어 후천적 뇌 손상을 입은 경우였다.

나는 박사 학위 논문을 쓰던 유학 생활 막바지에 그 친구 집에서 두어 달

가량 얹혀살고 있었다. 혼자인 나나 단출한 가족만 있는 친구네나 유학 생활이 외롭고 힘들기는 매한가지였다. 나는 언어 능력이 특히 발달하지 못해 의성어로 대부분 자기표현을 하는 친구의 딸과 틈틈이 놀아주고 억지로라도 말을 시켜가면서 친하게 지내고 있었다.

농업공학을 전공하던 친구는 학교 실험실에 소속되어 연구 논문을 쓰고 있었는데, 파트너로 함께 공부하는 프랑스 학생과 아주 가까운 사이였다. 어느 날 그 프랑스 파트너 부부가 내 친구 가족을 자기네 시골 별장으로 초대했다. 내 친구 가족은 난생처음 프랑스 사람들과 함께 주말을 보내게 되어 어색하긴 해도 나름 기대에 차 있었다. 나는 나대로 오랜만에 혼자 자유로운 시간을 보낼 수 있어 은근 흐뭇하던 참이었다.

금요일 저녁, 프랑스 부부가 친구네 가족을 데리러 왔다. 그런데 이 두 사람이 집으로 막 들어서는 순간, 예상치 못한 일이 벌어졌다. 내가 문을 열어주며 처음 만난 프랑스 부부와 반갑게 인사를 나누고 있는데, 갑자기 친구 딸아이가 괴성을 지르며 나를 마구 밀어내기 시작했다.

참으로 난감한 순간이었다.

"사랑아, 왜 그래. 그러지 마……."

아무리 달래봐야 헛수고였다.

아이는 점점 크게 괴성을 지르며 자지러질 듯 악을 썼다. 그 작고 가녀린 몸 어디서 그런 힘이 나오는지 감당할 수가 없었다. 아이는 급기야 내 손등을 마구 때리기 시작했다.

표현은 하지 못해도 어쩐지 새로 생긴 낯선 친구들을 자기 혼자 독차지하고픈 느낌이랄까. 아이의 과격한 제스처에서 그런 심리 상태가 느껴졌다.

아이가 하도 난리를 치는 바람에 우리는 몇 마디 인사말도 나누지 못했고, 친구네는 난감한 상태에서 내게 미안하다는 말만 반복하며 프랑스 부부를 따라 부랴부랴 집을 나섰다.

'휴우!' 속으로 안도의 한숨을 내쉬면서 주말 동안 주어진 자유 시간을 만끽했다. 물론 주말 내내 논문 작업을 하느라 제대로 자지도 먹지도 못했지만 말이다. 그래도 혼자 있는 시간이 더없이 평온했다. 문득문득 친구네 딸아이가 낯선 곳에서 낯선 사람들과 잘 지내고 있는지 궁금했지만, 이내 논문 작업에만 집중하며 주말을 보낼 수 있었다.

일요일 저녁 무렵 주말여행을 마친 친구네 가족이 돌아왔다.

"와~ 웰컴 백 홈~ 나 혼자 놔두고 다들 재밌었어?"

반갑게 맞이했지만 왠지 분위기가 심상치 않았다. 친구 부부의 표정이 냉랭한 것으로 보아 한바탕 부부싸움을 한 듯했다.

"말도 마라. 난리도 아니었어."

뾰로통해 있는 아내 눈치를 살피며 친구가 먼저 말을 꺼냈다.

"사랑이가 어찌나 생난리를 치던지, 참말로 가시방석이 따로 없었다 아이가."

경상도 사투리가 심한 친구는 정말 속이 많이 상한 표정이었다. 아이 엄마는 거의 눈물을 쏟기 직전이었다.

"사랑이가 계속 징징거리고 떼를 쓰고 나둥그러지고 하는데, 이유를 알아야 뭘 해주든지 할 것 아이가. 다시는 남의 집에 안 데려갈 기다 내는."

사실 내 친구가 이렇게 화를 내는 건 아이가 난장판을 쳐서 그런 게 아니었다. 그보다는 매일같이 한 연구실에서 얼굴을 맞대고 일하는 프랑스 친구 부부 보기가 너무나 민망해서였다. 게다가 아이를 다루는 방법에 대한 프랑스 친구 부부의 핀잔이 그를 더욱 화나게 만들었다.

프랑스 부부의 말인즉 이랬다. 그들은 서로 가까운 사이이고 가족처럼 생각해서 내 친구네를 자기 별장에 초대해 주말을 보내기로 한 것이었다. 그런데 아이가 문제를 일으키면 그 자리에서 따끔하게 야단을 치고 벌을 줘야 하는데, 그렇게 하지 않고 아이를 달래고 어르기만 했다는 것이다. 이것은 결국 그들을 가족처럼 대하지 않고 남으로 생각하니까 어렵게 여겨서 그런 것 아니냐는 얘기였다.

게다가 그 자리에 누가 있건 그 장소가 어디건 아이들에 대한 훈육은 일관성이 있어야 하고, 잘못을 한 그 순간 동일한 강도와 동일한 원칙의 벌을 줘야만 아이들이 그 규칙을 인식할 수 있다는 등 한바탕 훈시를 듣기도 했다. 요컨대 내 친구네 부부의 교육 방식이 잘못되었다는 것이었다.

심지어 친구 부부의 태도가 서운하다는 말까지 들었다. 자기들을 남으로 생각하기 때문에 체면을 차리느라 세상에서 가장 중요한 자식을 위해 따끔하게 훈육하지 못하고 눈치를 보면서 자리만 모면하려 했다는 것이다.

자존심 강한 내 친구는 그런 얘길 친한 프랑스 친구한테서 들은 게 너무나 못마땅했고, 결국 그 책임을 아내한테 돌리면서 부부싸움으로 번졌다.

프랑스 부모들의 교육 방식은 아이들 일이라면 껌뻑 죽는 우리네 부모들이 보기에 냉정한 군대식 훈육이 아닐 수 없다. 교육은 결국 자기 훈련이라는 사실을 프랑스 부모들을 보면서 깨닫게 된다.

고1 딸에게 피임약을 권하는
프랑스 엄마

1980년대 초 한국의 남학생들이 그야말로 사족을 못 쓰는 프랑스 여배우가 한 명 있었다. 요즘 말로 하면 한 시대를 풍미했던 아이돌이다. 자기가 좋아하는 스타의 사진을 코팅해서 책받침으로 쓰는 것이 유행이던 시절, 여학생에게는 앳된 곱슬머리의 미소년이던 당대 최고의 축구 스타 마라도나, 남학생에게는 소피 마르소가 그러했다.

1980년에 개봉한 소피 마르소 주연의 〈라 붐(La Boum)〉은 전 세계 모든 젊은이의 로망이었다. 특히 입시 지옥에 더해 군부 독재, 통행금지, 학도호국단, 교련 실습까지 암울하기 그지없는 학창 시절을 보내던 당시 대한민국의 젊은이들에게 〈라 붐〉은 그야말로 머나먼 우주 어딘가에서 반짝이는 별을 바라보는 듯한 동경심을 심어주었다.

청소년들의 반짝 파티를 뜻하는 '라 붐'이라는 제목의 이 영화를 잠시 들여다보자. 영화 속 주인공 소피 마르소는 발랄한 열세 살 중학생으로 시작해 〈라 붐〉 1~2편과 함께 커가며 그 시대 청소년의 모습을 그려낸다. 한창 사춘기를 겪으며 반항적이면서도 자기주장에 당당하다. 하지만 좋아하는 남자친구 때문에 고민하고 두근대는 마음에 어쩔 줄 몰라 하는 밝고 때 묻지 않은 지극히 평범한 소녀다.

〈라 붐 2〉에서 영화 속 엄마는 이성 교제를 하면서 사랑의 감정에 눈을 뜨기 시작한 딸을 더없이 애틋하게 바라본다. 여기서 우리가 정말 중요하게 눈여겨봐야 할 것은 엄마가 그런 상황을 딸의 입장에서 바라본다는 데 있다. 무용 교습을 받는 딸의 모습을 보며 엄마는 아장아장 걷던 아기 때 모습을 떠올린다. 그리고 딸이 어느덧 훌쩍 자라 사춘기 소녀가 된 것을 새삼 깨닫고 딸한테 산부인과에 들러 피임약 처방을 받으라고 권한다.

우리네 엄마들이 가장 큰 충격을 받을 대목이 바로 이 부분 아닐까. 영화 속 엄마는 딸에게 요즘 교제 중인 남자 친구에 관해 이것저것 물어보고, 딸의 둘도 없는 절친이 이미 성관계를 경험했다는 얘기를 듣는다. 자신의 딸도 본격적인 여자로서 인생이 임박했음을 직감한 엄마는 딸의 성생활을 위해 맨 먼저 피임약 복용에 대해 조언한다.

엄마의 얘길 들은 딸은 피임약을 먹으면 살찐다는 말을 들었다며 괜찮냐고 묻는다. 그러자 엄마는 아무렇지도 않다는 듯 그리 걱정할 수준은 아니라고 답한다.

아무리 개방적인 사고를 가졌더라도 대한민국 엄마 중 자기 딸한테 이런 과감하고 직접적인 조언을 할 수 있는 사람이 과연 얼마나 될까.

이 영화는 1980년과 1982년에 1편과 2편을 제작했으니 벌써 35년도 더 지난 옛날이야기다. 전형적인 멋쟁이에 현대적 사고방식을 가진 파리지엔 할머니가 손녀딸한테 사랑하는 법을 수시로 교육하는 장면은 '프랑스 영화니까' 하며 그냥 재미로 볼 수 있다 해도, 아이 둘을 키우는 지극히 평범한 중산층 워킹맘의 자연스러운 생각과 행동은 바로 그 영화를 보고 성장한 지금의 우리나라 중년 엄마들에게 그대로 따라 하기엔 상당히 부담스러운 교육 방법이다.

하지만 프랑스 엄마들의 생각은 지극히 단순하다. 성교육이란 '모든 사람이 다들 하는 가장 자연스러운 일'에 대해 제대로 알려주고 불미스러운 사고를 미연에 방지하는 것이다. 그렇게 함으로써 사춘기 딸이 자칫 원치 않는 임신을 하거나 중절 수술을 해야만 하는 불행한 일을 겪지 않도록 보살펴주는 것이다.

프랑스 사람들은 흔히 남의 허리띠 아래에 관한 이야기는 하지 않는다고 말한다. 남의 사생활에 간섭하지 않는다는 얘기다. 그래서 정치인들의 스캔들도 큰 문제가 되지 않는다. 이는 그들이 자신의 행동에 대한 자유를 보장받는 만큼 타인의 자유를 존중한다는 지극히 단순한 산수 계산에서 비롯된 것이다. 그리고 이 모든 행동에 책임을 진다. 솔직하고 단도직입적인 표현과 사고방식을 통해서 말이다.

2-4
알뜰한 프랑스 엄마:
프렌치 패러독스의 선봉

내 딸들에게 프랑스에서 살 때 가장 좋았던 추억이 뭐냐고 물으면 두 아이 모두 이구동성으로 '벼룩시장'이라고 답한다. 쓰던 물건을 사고파는 시장이 뭐 그리 좋을까마는 아마도 늘 바쁜 엄마가 주말에 짬을 내서 함께 파리 근교 경치 좋은 동네를 찾아다니며 이것저것 사기도 하고 맛난 것도 먹곤 했던 추억이 한데 어우러진 덕분이 아닐까 싶다.

우리가 흔히 '벼룩시장'이라고 부르는 곳은 파리 북쪽 근교에 있는 클리냥쿠르(Clinancourt)나 남쪽 방브(Vanves)에 있는 상설 중고품 시장이 대표적이다. 하지만 세계적으로 유명한 관광 명소가 된 탓에 지나치게 상업화해 과거의 낭만이나 매력을 많이 잃은 편이다.

프랑스의 벼룩시장은 역사가 무척 깊다. 중세 시대인 14세기부터 이미 자리를 잡기 시작했다. 벼룩이 득실대는 낡은 옷가지나 침구·가구 같은 것을 주로 거래했는데, 이런 낡은 물건은 대부분 빈곤의 상징이었기 때문에 이름도 '벼룩시장'으로 불리게 되었다.

그러던 것이 도시 문화가 발달하면서 점차 오래된 골동품을 거래하는 장터로 개념이 바뀌어 요즘은 가치 있는 고가구나 미술품이 종종 발견되기도 하는, 마법 같은 꿈의 장소로 변모했다. 파리 외곽 곳곳에는 상설 벼룩시장이 성황리에 열리고 있다.

내가 아이들과 함께 즐겨 찾던 벼룩시장은 이런 '상설' 시장이 아니라 파리 시내에서 구(區)별로 혹은 근교 위성 도시에서 1년에 한두 번 날짜를 정해 동네 사람끼리 한 장소에 모여 여는 자발적 '비상설' 시장이었다.

상설 벼룩시장을 보통 '마쉐 오 퓌스(marché aux puces)'라고 부르는 데 반해, 이런 비상설 벼룩시장은 '비드 그르니에(vide-grenier)', 즉 '다락 비우기'라고 부른다. 미국의 '개러지 세일(garage sale)'과 같은 개념이다. 하지만 각자 자기 집 차고 앞에 물건을 진열해놓고 파는 개러지 세일과 달리 일정한 장소로 동네 사람들이 자기 물건을 가져와 정해진 곳에 차려놓고 모두 함께 파는 방식이다.

이런 벼룩시장은 거의 동네잔치 같은 분위기가 난다. 1년에 한두 번 날씨 좋은 봄이나 가을의 주말을 잡아 열다 보니 물건을 파는 사람이나 사러오는 사람이나 모두 소풍을 나온 것 같은 느낌이 든다. 거기다 동네 주민끼리 모여서 하는 행사다 보니 무슨 물건을 팔아 돈을 벌겠다는 생각도 거의 없다. 그보다는 그저 안 쓰는 물건을 정리할 수 있으면 좋고, 거기다 그동안 애지중지 잘 쓰던 물건을 필요한 다른 사람에게 넘겨준다는 재활용 개념에 가깝다. 각자의 추억이 담긴 물건을 죽 진열해놓은 채 여유롭게 수다를 떠느라 더 바쁘다.

이런 벼룩시장에서 가장 많이 접하는 것은 집집마다 자녀가 성장하면서 필요 없게 된 아이들 물건이다. 장난감이 가장 많고 책이나 학용품, 한두 번밖에 입지 않은 아기 옷과 새것이나 다름없는 신발 따위가 주를 이룬다. 운이 좋으면 선물로 받아 박스만 뜯고 한 번도 사용하지 않은 물건을 만날 수도 있다.

아이들 물건을 파는 곳엔 어김없이 그 물건의 주인인 아이들이 엄마랑 같이 나와 있다. 물건을 차려놓은 스탠딩마다 "엄마, 이거 보세요. 엄마가 제 생일 때 사주셨던 거예요. 이건 여름에 휴가 가서 샀던 거고요" 하며 자기들끼리 추억을 더듬느라 정신이 없다. 화기애애하고 들뜬 목소리가 사방에서 들린다.

숱한 벼룩시장 탐방을 통해 나는 어떤 동네의 물이 좋고 나쁜지 꿰뚫을 정도로 전문가가 되었다. 파리 인근 도시마다 특징이 있지만, 잘사는 사람들이 모여 사는 동네는 파리 북서쪽에 집중되어 있다. 그런 동네의 벼룩시장은 물건의 품질도 좋고, 종류도 다양하다. 나는 벼룩시장이 열리는 스케줄을 미리 파악해서 아이들한테 알려주곤 했다.

'부자 동네의 벼룩시장.' 언뜻 들으면 상당히 아이러니에 가까운 말이다. 명품 브랜드에 익숙한 부자 동네 엄마들이 중고 시장에 나와 물건을 파는 모습은 참으로 상상하기 어렵다. 하지만 이것이 바로 겉으로 화려해 보이는 프랑스 엄마들의 실제적인 생활 습관을 대변하는 프렌치 패러독스라고 나는 늘 생각해왔다.

2-5
내가 경험한
프랑스 벼룩시장 순례의 추억

파리에서 부자 동네로 일컫는 곳은 서쪽에 위치한 16구다. 바로 그 16구와 불로뉴 숲 하나를 사이에 두고 '뇌이쉬르센(Neuilly-sur-Seine)'이라는 고급 주택지가 인접해 있다.

센강은 파리 시내를 관통한 뒤 심하게 굽이치면서 '모네의 집'이 있는 지베르니(Giverny)를 지나 북서쪽으로 노르망디 지역까지 계속 이어져 바다로 빠져나간다. 이 굽이치는 센강을 따라 그 주변으로 '부지발(Bougeval)', '샤투

(Chatoux)', '생농라브르테슈(Saint-Nom-la-Bretèche)' 같은 작은 도시가 형성되어 있는데, 이 도시들이 모두 이른바 부자 동네에 해당한다.

도시라고 부르기 쑥스러울 정도로 자그마한 규모여서 오히려 마을이라는 표현이 더 어울리는 이 도시들은 인상파 화가의 작품 배경으로도 종종 등장한다. 너른 초원에 나지막한 구릉이 어우러져 사계절마다 제각기 한 폭의 수채화 같은 풍경을 만들어낸다. 모네나 고흐의 그림에 흔히 등장하는 배경이다. 강가에 들어선 고풍스러운 저택과 선상 주택인 '페니쉬(péniche)'도 풍경을 아름답게 만드는 주요 요소 중 하나다.

동네마다 연중 날씨가 가장 좋은 때를 잡아 벼룩시장을 열다 보니 주로 4~5월이나 9~10월에 집중되기 마련이다. 따사로운 햇볕을 받으며 감상하는 아름다운 풍경은 벼룩시장 순례가 주는 덤이다.

이런 비상설 벼룩시장은 주로 시청 앞 광장이나 큰 공원 같은 공공장소에서 열린다. 우리는 일찌감치 도착해 시장 가방 카트를 끌고 벼룩시장으로 향한다.

고수답게 미리 준비한 동전이 가득 든 작은 지갑은 허리춤에 걸어둔다. 오늘은 과연 어떤 물건들이 있을까? 엄마 손을 잡고 걷는 아이들의 잰 발걸음에서 설렘과 기대감이 느껴진다.

"엄마, 나 펫숍[11] 먼저 골라도 돼요?"

"물론이지. 아이들 물건이 많은 곳을 잘 살펴봐."

"분명 있겠죠?"

---

11 petshop: 갖가지 동물 캐릭터를 미니어처로 만든 장난감을 말한다.

"그럴 거야. 일단 한 바퀴 돌아보자."

한국말이 서툰 둘째는 일단 밖에 나오면 거의 프랑스어로 대화했다. 타고난 말재주와 사교성으로 수다 중에서도 왕수다를 떨어대는 둘째는 유난히 작은 체구에 엄마와 언니를 따라오느라 종종걸음을 하는 게 힘들 만도 하건만 단 한 번도 다리가 아프다거나 안아달라거나 하는 일이 없었다.

저만치 물건을 고르는 사람이 보이면 마치 내 물건이 없어지기라도 할 것처럼 초조해지면서 발걸음을 재촉한다. 우리는 각자 맡은 영역의 물건(큰애는 책, 작은애는 장난감, 나는 오브제)을 찾아 바쁘게 눈을 돌린다. 이때 발휘되는 개인기는 바로 눈썰미다. 물론 운도 따라야 한다.

온 가족이 나와서 사용하던 물건을 팔고 그 물건을 흥정하는 사람들로 북적대는 벼룩시장에는 항상 즐거운 기운이 감돈다.

어떤 아이들은 자기가 쓰던 물건을 팔아 돈이 생기면 곧장 그 돈으로 다른 좌판에 가서 자기가 원하는 중고 물건을 사기도 한다. 참으로 몸에 밴 절약 정신이 아닐 수 없다.

《꼬마 니콜라》 시리즈를 한창 수집하던 첫째는 좌판 앞에 앉아 물건을 파는 자기 또래 아이들에게 연신 그 책이 있냐고 묻는다. '펫숍'이라는 동물 인형 시리즈를 수집하는 둘째는 족히 100개도 넘는 캐릭터가 있는데도 어떻게 자기가 이미 갖고 있는 것과 아닌 것을 구분해내는지 새로 발견한 동물 인형을 척척 골라 열심히 흥정까지 한다.

인심 좋은 사람은 물건을 사는 아이들에게 열쇠고리나 동전 지갑 같은 작은 물건을 덤으로 얹어주기도 한다. 우리의 시장 가방은 어느새 물건들로 가득해진다.

"엄마, 여기 메리 히긴스 클라크[12] 책이 있어요. 이거 보세요. 엄마, 이거 안 읽으신 책 맞죠?"

열심히 책을 고르던 큰딸이 갑자기 흥분해서 엄마를 부른다. 내가 즐겨 있는 미국 추리소설 작가의 책을 발견한 것이다. 메리 히긴스 클라크의 소설은 프랑스어 번역판으로 읽었는데, 안 읽은 책이 거의 없을 정도로 빠져 있었다.

"어, 그래. 책이 두꺼워서 그런지 꽤 비싸서 아직 안 샀는데, 정말 잘됐다. 고마워!"

큰애는 엄마를 위해 한몫했다는 기쁨에 뿌듯해하는 표정이 역력했다.

"엄마, 여기 재클린 윌슨[13]의 책도 찾았어요. 이거 사도 되죠?"

아이는 자기가 즐겨 읽는 작가의 책을 찾는 중이었다.

"그거 집에 없는 책 맞니?"

"그럼요, 엄마. 당연하죠."

아이는 신이 나서 말했다.

벼룩시장의 또 다른 재미는 먹거리다. 크레페, 추로스, 와플, 군밤……. 주로 들고 다니며 먹기 좋은 것들이다. 아이들은 누텔라 잼을 바른 크레페를 하나씩 먹는 것으로 점심을 대신한다. 물건 고르느라 배고픔을 느낄 틈도 사실 없다.

시장 가방에 더 이상 넣을 공간이 없게 되어서야 우리는 아쉬움을 달래

---

12 Mary Higgins Clark: 미국의 추리소설 작가. 딸 캐럴 히긴스 클라크(Carol Higgins Clark)도 엄마를 이어 추리소설 작가로 데뷔해 모녀가 함께 공저로 책을 내기도 한다.

13 Jaqueline Wilson: 영국의 아동 도서 작가.

며 벼룩시장을 떠난다. 빨리 집에 가서 오늘의 수확을 확인해보고 싶은 마음에 조급함이 앞선다.

내가 공원에서 조깅을 할 때면 종종 그 옆에서 아이들이 함께 타고 달리는 씽씽카도 벼룩시장에서 샀고, 또 그때마다 한껏 멋을 부린다고 쓰고 나오는 헬멧도 벼룩시장에서 샀다. 물론 우리가 벼룩시장에 갈 때마다 끌고 다니는 시장 가방 카트도 거기서 샀다.

아이들 물건을 1~2유로 이상 받고 파는 경우는 거의 없다. 아무리 좋고 비싼 것도 벼룩시장에서는 암묵적으로 약속한 기본 단가가 있기 때문이다. 그렇게 산 물건은 아이들이 자라 더 이상 필요 없게 되면 흔쾌히 다른 집 아이한테 물려주거나, 학교에서 자선 행사를 위해 물건을 수집할 때 선뜻 기부하기도 한다.

돈도 돈이려니와 그렇게 엄마 손 잡고 벼룩시장을 돌아다니며 자기가 필요한 물건을 고르고 흥정하는 동안, 그리고 물건 파는 사람들과 이런저런 이야기를 주고받는 동안, 우리는 시장 가방에 물건을 채우는 것만큼이나 우리만의 추억을 모았다.

우리가 벼룩시장을 좋아한 것은 비단 원하는 물건을 싼값에 살 수 있기 때문만은 분명 아니었다. 그곳에는 우리가 평소 생각하지 못하고 그냥 지나치는 프랑스 엄마들의 디테일한 삶의 단면이 배어 있다. 프랑스 엄마들은 물건을 고르는 데 무척 꼼꼼하다. 뭘 하나 사려면 정말 말도 많다. 이건 이래서 저건 저래서 안 된다는 둥 가게 점원과 대화하는 모습이 꼭 무슨 토론회장에 참석한 사람들 같다.

그렇게 구입한 물건을 소중히 다루면서 쓰는 것도 프랑스 엄마들의 특징이다. 동네 벼룩시장은 아이들이 자라서 작아진 옷이나 필요 없게 된 책, 그리고 집 안의 갖가지 앤틱 물건을 가지고 나와 재활용할 기회를 만드는 곳이다. 이처럼 각자 개인의 추억이 담긴 물건을 파는 벼룩시장은 프랑스 사람들의 또 다른 일면을 보여주는 그들만의 자화상인 셈이다.

우리나라는 환경 보호 차원에서 일회용 물건을 쓰지 못하도록 하지만 프랑스 사람들은 기본적으로 일회용이라는 개념 자체가 싫어서 그런 물건을 쓰지 않는다. 좋은 물건을 사면 반질반질하게 손때가 묻도록 오래 쓰는 걸 좋아하고, 또 남이 그렇게 아끼면서 사용하던 중고품을 사서 쓰는 걸 전혀 꺼려 하지 않는다.

우아하기 때문에 당연히 럭셔리할 것만 같은 프랑스 엄마들은 사실 물건을 아끼며 오래 쓰고 중고 시장에서 산 옷을 빈티지 패션으로 적절히 매치할 줄 안다.

여기에는 자기만의 센스와 멋이 배어 있다. 그리고 그런 생활철학은 프랑스 엄마들의 도도하고 시크한 태도에 그대로 묻어난다. 허례허식 없이 줏대 있게 자기 소신에 따라 삶을 대하는 패턴이 그들을 자신감 있는 엄마로 만든다.

프랑스가 전 세계 여자들이 재테크에 활용한다고 할 정도의 가치를 지닌 명품 가방을 만들 수 있는 저력은 바로 거기에 있다. 세계적 명품을 만들어내는 출발점은 내게도 소중하고 남에게도 소중한 물건을 좋아하는 극히 단순하고도 하찮을 수 있는 철학에 뿌리를 두고 있는 것이다.

아들의 경쟁력,
엄마에게 달렸다

2015년 여름, 미국 근무를 마치고 알제리로 부임하면서 처음으로 아이들과 떨어져 지내게 되었다. 테러 위험도 큰 데다 근무 환경이 매우 열악한 특수지인 알제리에는 외국인 아이들이 다닐 수 있는 학교가 없었다. 그래서 어쩔 수 없이 단신으로 부임지로 향했고, 아이들은 서울로 들어가 학교에 다녔다.

150년에 걸쳐 프랑스의 식민 지배를 당한 알제리는 장장 7년 동안의 격렬한 전쟁을 치르고 1962년 독립을 쟁취했다. 프랑스는 마지막까지 알제리의 독립을 거부하면서 숱한 착취와 만행을 저질렀다. 긴 식민 지배 기간을 거치는 동안 여러 세대가 프랑스의 통치를 경험했고, 그 과정에서 많은 수의 프랑스-알제리 혼혈 세대가 생겨났다. 프랑스 정부가 사하라사막에서 자행한 핵실험, 1~2차 세계대전 때 프랑스군에 소속되어 참전한 수많은 알제리 청년의 희생, 그리고 아르키[14](Harki)와 피에 누와[15](Pieds noirs)……. 아직도 그 상흔은 깊게 남아 있다.

잔인한 식민 지배로 지울 수 없는 고난의 역사를 겪었음에도 알제리 사

---

14 식민 지배 정부에 협력해 배신자로 낙인찍힌 알제리 사람을 일컫는 말.
15 오랜 세월 지배자로 살다가 알제리 독립과 함께 빈손에 맨발로 쫓겨난 프랑스 사람을 일컫는 말.

람들은 저녁 8시가 되면 너 나 할 것 없이 자연스럽게 프랑스 TV의 8시 뉴스를 틀 정도로 여전히 프랑스의 깊은 영향 아래 살고 있다. 자기네 정치에는 아예 관심도 없으면서 프랑스 대통령 선거에는 온통 열을 올린다. 상류층 자녀들은 거의 예외 없이 프랑스로 유학을 가고, 부패한 고위층 인사들이 프랑스에 집 한두 채를 갖고 있는 것은 아주 예사다.

언제나 그렇듯 2년 3개월의 알제리 근무 기간 동안 나는 참으로 많은 사람들과 교류했다. 그중에는 아주 가깝게 지낼 정도로 사귄 알제리 친구들도 있었다.

어느 휴일 오후, 평소 친하게 지내던 알제리 부부 집에 티타임 초대를 받았다. 여자들끼리의 모임이었다. 잘나가는 알제리 마나님들이 하나둘씩 모여들었다. 자기들끼리도 정말 오랜만에 보는 거라며 연신 안부를 묻고 자식들 근황을 묻느라 정신이 없었다. 얼핏 보기에 대부분 내 나이 또래 같았다. 다들 세월의 흔적이 역력한 주름과 군살이 붙었다.

각자의 직업도 참 다양했다. 남편의 직업이 아니라 여자 자신의 직업 말이다. 의사 둘, 사업가 둘, 교수 하나, 가정주부 둘. 그럼에도 이 나라에서는 다들 내로라하는 상류층 마나님들이라는 공통점이 있었다. 나름 우아하게 차려입은 모습, 완벽하게 구사하는 프랑스어, 통통하다고 표현하기에는 다소 부담스러운 몸매 등 다들 이 나라의 전형적 부유층임을 과시하는 듯했다.

티타임 모임임에도 럭셔리한 테이블 세팅이 그 자리가 나름 격조 있는 이벤트라는 사실을 드러내고 있었다. 한국 외교관과의 친분 관계를 친지들에게 자랑하고 싶은 집주인의 속내가 엿보였다. 집주인이 하나둘씩 계속해서 차려 내는 알제리 전통 과자며 간식거리가 웬만한 디너 수준이었다. 집주인은 내가 가져간 자그마한 전통 공예품을 다른 손님들한테 연신 자랑하더니 거실 장식장에 올려놓으며 뿌듯해했다.

고만고만한 우리 나이대의 여자들이 모인 자리에서 공통된 화제는 역시 자녀교육 문제였다. 다들 프랑스로 자식들을 유학 보내고 프랑스와 알제리를 수시로 오가며 아이들을 보살피고 있었다. 여자들은 관련 정보를 공유하고 그들을 식민 지배했던 국가에서 눈치 보며 유학하는 아이들을 걱정하는 이야기로 공감대를 이어갔다.

프랑스 유학을 경험한 나로서는 그 모든 것이 결코 남의 이야기로만 들리지 않았다. 덕분에 연신 고개를 끄덕이고 거들며 대화를 놓치지 않았다.

유난히 수다스러운 여자가 걱정스러운 표정으로 자기 자식 이야기를 꺼냈다.

"우리 아들, 파리에서는 완전 바보예요. 무엇 하나 제대로 할 줄 아는 게 있어야죠. 프랑스 남자애들은 못하는 게 없잖아요. 다들 일찍부터 혼자 독립해서 살고, 요리도 잘하죠."

그러자 여기저기서 공감을 표했다.

"맞아요. 근데 우리 애들이야 어디 그래요? 어려서부터 엄마가 모든 걸 다 해주니까 신발 끈 하나 제대로 맬 줄 모르죠."

"유학을 보낼 계획이면 미리부터 아이들 스스로 알아서 하도록 키워야 해요."

"그런데 그게 생각보다 어렵죠. 사실 아들을 바보로 만드는 건 전부 엄마 탓이에요."

하지만 그 어떤 엄마의 얼굴에서도 죄책감이나 반성의 기미는 보이지 않았다. 그저 이론적으로만 그렇다는 것이었다. 아니면 자기들도 선진화한 자녀교육법을 모르지 않지만, 단지 이곳의 사회 문화가 그렇지 않아서 실천하지 못하고 있다는 정도의 자기 합리화인 듯했다.

"마담 유는 어때요? 아이들과 떨어져 사는데, 애들이 잘 견디나요?"

한 여자가 나의 교육 방식에 관심이 있다는 듯 물었다.

"저는 애들과 같이 있을 때도 늘 자기들 혼자서 알아서 하도록 키우고 있어요. 일일이 도와줄 시간적 여유도 없지만, 독립심을 키워주는 게 세상을 살아가는 중요한 무기를 만들어주는 거라고 생각해요. 덕분에 우리 애들은 뭐든 스스로 책임져야 한다는 생각을 갖고 있어요. 그나마 다행이죠."

"딸들은 그게 가능하죠. 아들은 그럴 수가 없어요."

다른 여자가 단호하게 말했다. 꼭 한국 엄마를 보는 듯했다.

알제리 엄마들은 보통 딸은 독립적으로, 아들은 마마보이로 키우는 경향이 짙다. 남존여비가 여전히 뿌리박힌 이슬람 전통 때문이다. 그들이 그토록 많은 영향을 받은 프랑스 문화와는 전혀 딴판이다.

알제리 독립에 엄청난 기여를 한 여성들의 굳건한 힘에도 불구하고 알제리 엄마들의 이런 교육 방식은 고개를 갸우뚱하게 만든다. 어쩌면 우리네 엄마들과 너무 닮은 모습 때문일지도 모른다. 그 결과 손해를 보는 건 바로 그들이 그리도 애지중지 키운 아들들이다.

엄마들의 과도한 아들 사랑은 그 아들이 사회에서 제 구실을 못하거나 뒤처지게 만드는 결정적 요인으로 작용한다. 그럼에도 엄마들은 여전히 반성하지 못한다. 왜냐하면 아들이니까. 단지 아들이기 때문이다. 아들은 능력이 좀 부족해도, 경쟁력이 떨어져도 괜찮다는 생각이다.

엄마들이 아들을 그런 식으로 키우는 건 순전히 자기만족에 따른 행동이다. 그렇게 애지중지 떠받들어 키운 아들은 결국 아무것도 할 줄 모르고, 남을 배려할 줄도 모르고, 매너 없는 남자로 성장한다.

반면, 프랑스 엄마들은 자기 아들을 경쟁력 있는 남자로 키워낸다. 여기서 경쟁력이란 다른 남자들에 대해서 비교우위를 점하는 것을 말한다. 그래서 여자들이 선호하는 남자, 사회에서 능력 있는 남자로 인정받는다.

2-7
프랑스 엄마들은
사교육을 멀리한다

'프랑스' 하면 곧바로 연상되는 단어는 아마도 문화, 예술, 자유가 아닐까. 그리고 패션, 샹송, 명품, 와인, 치즈 같은 디테일한 단어가 그 뒤를 따를 것이다. 프랑스가 문화예술 분야에서 단연 으뜸이라는 데는 아무도 이견을 달지 않는다.

그렇다면 프랑스는 어떻게 이런 문화예술의 대명사로 자리매김하게 되었을까. 우리가 굳이 아카데믹한 방식을 사용해 르네상스 문명 이후 현대까지의 문화예술사를 찾아보지 않아도, 프랑스라는 나라의 이미지가 곧 문화예술이라는 하나의 브랜드로 굳어져 있다는 것을 알 수 있다.

그렇다면 외국인이 한국이라는 나라를 떠올릴 때 가장 먼저 생각나는 이미지는 무엇일까. 요즘은 한국전쟁의 참상에 얽힌 과거 이미지는 거의 사라져가고 있는 듯하다. 그 대신 IT 같은 하이테크놀로지를 중심으로 한 눈부신 경제 발전, 최첨단 휴대폰, 7년 개런티를 내건 자동차 그리고 케이팝 아이돌 그룹, 전 세계를 강타한 싸이와 방탄소년단을 떠올릴 것이다. 그리고 아마 청소년 자살률 세계 1위에 결정적으로 기여하는 어마어마한 교육열도 빠지지 않을 듯싶다.

현대 한국의 이미지를 대표하는 것 중 하나인 세계 최고 교육열의 중심에는 바로 모든 것을 자녀한테 거는 엄마들이 있다. 유치원 영어 교육 열풍부터 음악, 체육, 무용, 작문, 발표력, 입시 학원뿐 아니라 심지어 취업 학원에 이르기까지 온갖 종류의 사교육에 목숨을 건다. 누구나 이런 과열된 사교육이 비정상이라는 데 공감한다. 그래서 새 정부가 들어설 때마다 교육 제도 개선과 사교육 부담 경감을 위한 다양한 대책을 내놓지만 아무런 효과도 내지 못한다. 그저 속수무책이다. 이런 현상의 중심에도 엄마들이 있다. 우리나라 엄마들은 무엇보다 정규 교육 제도를 신뢰하지 못한다. 그리고 내 아이는 다른 아이들과 달라야 하고, 앞서야 한다고 믿는다.

왜냐고? 내 아이니까. 내 아이 성적이 우수하고 다른 아이보다 뛰어나면 엄마인 자기 자신도 그런 거라고 생각한다. 앞자리, 좋은 스펙, 뛰어난 외모. 이런 것들이 아이를 사회의 리더로 만들 거라고 확신한다.

우리나라 엄마들은 왜 이렇게 자녀한테 집착하는 것일까. 이에 대한 대답은 각자의 판단에 맡겨두고, 프랑스 엄마들 이야기에 집중해보자.

프랑스에는 우리나라 같은 개념의 사교육이라는 게 없다. 고개를 갸우뚱

할지 모르겠지만 사실이다. 이를 이해하기 위해서는 프랑스의 교육 제도를 들여다볼 필요가 있다. 그리고 이러한 교육 제도가 사회 제도와 긴밀하게 연결되어 움직인다는 사실을 알아야 한다.

프랑스의 의무 교육은 유치원 3년-초등학교 5년-중학교 4년-고등학교 3년으로 되어 있다. 이후 대학교는 물론 대학원까지 기본적으로 모든 교육은 무상으로 이뤄진다.

이런 학교 교육과 별도로 각 도시마다 그리고 대도시의 경우는 각 구(區)마다 다양한 문화 교육 프로그램을 운영한다. 여기에는 테니스·수영·암벽 타기 같은 스포츠와 피아노·바이올린·기타 같은 악기 연주, 무용·요가·체스 등 다양한 여가 활동이 포함되어 있다. 각자의 주소지에 따라 해당 관할 지역 기관에서 학기 시작 전에 등록을 하고 소액의 참가비를 지불하면 된다.

프랑스에서 학교 수업 외에 받는 추가 교육은 기본적으로 정규 학교 수업 과정을 따라가지 못하는 학생들을 상대로 이뤄진다. '과외 수업'이라는 용어 자체가 '따라잡기 수업'을 의미한다. 학업 성적이 크게 부진하거나 다른 학생들에 비해 현저하게 학습 능력이 떨어질 경우, 해당 부진 과목에 대한 과외 수업을 실시하도록 제도화되어 있다. 따라서 '과외 수업'은 특별한 사정이 있어 학교 수업을 빠진 학생이 나중에 그 부분을 보충하는 경우가 아니라면, 학습 능력 부진자임을 시인하는 척도인 만큼 상당히 '기분 나쁜' 것에 해당한다.

파리의 경우 주프랑스 한국대사관을 비롯해 주유네스코 대표부, 주OECD 대표부, 여러 공공기관, 기업 등이 많이 주재하고 있어 한국인 가족도 매우 많은 편이다. 그런데 한국인 학생이 많이 다니는 파리 시내 몇몇 학교에는 이런 프랑스 전통에도 아랑곳없이 한국식 사교육이 생겨났다. 극성맞은 엄마들을 중심으로 한국 학부모 모임이 활발하게 열리고, 프랑스어·영어·수학·한국어까지 다양한 개인 교습이 한국식으로 성행하고 있다.

한국식 교육법에만 익숙한 엄마들은 요즘은 한국에서도 사라지고 없는 이른바 '촌지' 문화를 프랑스에까지 전파했다. 프랑스에서는 아이들한테 특별한 문제가 생겼거나 선생님이 꼭 상의해야 할 일이 있어 면담을 요청하는 경우가 아니면 학부모가 학교로 찾아가 선생님을 개별적으로 만나는 일은 거의 없다. 그런데 파리의 한국 엄마들은 학교로 선생님을 찾아가 선물이나 촌지를 건네면서 자기 아이에 대한 각별한 관심을 부탁한다.

처음에는 외국인이라서 그런가 보다 하고 그냥 받아들이던 프랑스 선생님들은 두 가지 부류로 나뉜다. 한 부류는 이 낯선 행동에 거부 반응을 일으켜 크게 반발하는 경우이고, 또 다른 부류는 '거참 특이하네. 하지만 뭐 나쁘지 않네' 하며 타협하는 경우다. 최근에는 이렇게 타협하는 선생님들이 발각되어 한국 엄마들에게 선생님과의 개별 면담을 아예 못하도록 하는 학교도 있다고 한다. 참으로 불편한 진실이 아닐 수 없다.

우리에겐 뭐든 일단 신뢰하지 않고 보는 특이한 습성이 있다. 이것은 곧 신용 사회와 불가분의 관계에 있다. 학부모가 학교를 믿지 못하고, 교육 제도를 불신하고, 언제 어떻게 바뀔지 모르는 주변 상황을 경계하기 때문이다. 한국 엄마들의 과열된 자녀교육은 결국 정부의 교육 정책을 믿지 못하기 때문인 것이다.

3부

프랑스 사회와
교육 제도

●

프랑스에는 사교육이 없다. 어린 아이들은 유치원과 학교에서 진행하는 감성 위주의 커리큘럼에 맞춰 놀고, 꿈꾸고, 상상하느라 다른 과외 수업을 받을 시간적 여유도 없다. 큰 아이들 역시 학교 수업과 과제를 따라가기에도 벅차기 때문에 사교육에 눈을 돌릴 여유가 아예 없다. 게다가 유치원부터 대학원까지 전액 무상이다 보니 교육이라는 것 자체가 사비를 들여 하는 게 아니라는 공교육 개념이 확실하게 자리 잡았다.

The Power of
French Mother

아이들은 국가가
책임지고 키운다

아침 8시 20분, 출근하는 길인 엄마나 아빠 손을 잡고 온 아이들이 유치원 문 앞에서 기다린다.

이윽고 선생님이 유치원 정문을 열고 쾌활한 목소리로 "얘들아, 안녕! 봉주르, 레 장팡!" 하고 외치면, 아이들은 "봉주르, 마담!" 하고 화답하며 각자 자기 교실로 들어간다. 문 앞에서 부모와 헤어지는 아이도 있고, 교실까지 같이 들어가는 아이도 있다.

아침에 일찍 출근하는 부모를 위해 유치원은 7시부터 아이를 맡아준다. 아이들은 유치원에서 아침 식사를 한 다음, 정식 등교 시간이 될 때까지 선생님과 함께 책도 읽고 놀이도 하고 그림도 그린다. 그러다 8시 20분이 되면 각자 자기 교실로 가서 정시에 등원한 다른 아이들과 합류한다.

유치원 문은 8시 45분에 완전히 잠긴다. 이 문은 오후 4시 반이 되기 전까지 열리지 않는다. 정규 수업이 끝나는 시간이다.

아이를 데려가는 부모는 유치원 앞에서 문이 열릴 때까지 기다려야 한다. 이때 유치원에서는 부모 또는 부모 대리인으로 지정된 사람한테만 아이를 내준다.

4시 반이 지나면 늦게까지 유치원에 남아 있는 아이들에게 간식을 먹이고 저녁 7시까지 방과 후 프로그램을 진행한다.

물론 이 스케줄은 유치원에 공식적으로 미리 신청을 해야 한다. 유치원에서 부모의 사정에 맞춰 아침 7시부터 저녁 7시까지 꼬박 하루 12시간 아이를 맡아주는 것이다.

방학 동안에도 각 주소지별로 구분해 지정된 유치원이나 초등학교에 평소와 똑같이 아이들을 보낼 수 있다. 이렇게 방학 기간에 아이들을 맡기는 곳을 '여가 센터'라고 부른다. 방학 시작 전에 아이들을 보내고 싶은 날짜만 미리 제출하면 된다.

학교는 보통 7월부터 8월까지 두 달 동안 긴 여름 방학이 이어지고, 대부분의 부모는 이때 한 달 정도 여름휴가를 갖는다.

그 때문에 많은 프랑스 아이들이 부모와 함께 바캉스를 떠나지 않는 한 달을 이 '여가 센터'에서 보낸다. '여가 센터'에서는 스포츠·미술·음악·무용 등 다양한 프로그램을 제공하는데, 그날그날 아이가 원하는 프로그램을 골라 참여할 수 있다.

프랑스에서 엄마가 아이를 맡길 곳이 없어 일하는 데 지장을 받는 것은 상상하기 어렵다.

물론 이따금씩 '여가 센터'에서 고용하는 임시 아르바이트 교사들이 자질 미달로 아이들을 제대로 돌보지 못하거나 성추행 같은 사고가 생겨 사회적으로 큰 물의를 일으키는 경우도 발생한다. 하지만 이 모든 육아 제도는 오랜 기간에 걸쳐 시행착오를 거듭하면서 국가와 부모가 함께 고민하고 개선해가며 정착된 것이다.

프랑스는 유치원부터 대학원까지 전액 무상 교육을 실시하는 국가다. 아이가 태어나서 대학원을 마칠 때까지 학비라고는 단 한 푼도 들지 않는다. 다른 문제는 모두 접어두고, 프랑스에서는 적어도 공부하는 데 돈이 필요 없다. 어마어마한 대학교 등록금은 차치하고 유치원 등록금마저도 부모의 허리를 휘게 만드는 우리로서는 참으로 믿기 어려운 제도다.

프랑스는 국가가 모든 교육 시스템을 주도하는 철저한 공교육 체제를 유지한다. 만 3세부터 의무 교육·무상 교육·무종교 교육[16]을 원칙으로 하고, 모든 학위는 국가가 관리한다.

이런 육아와 교육 제도는 경제적·사회적 현실과 맞물려 돌아간다. 프랑스는 전체 노동 가능 연령대 여성의 85퍼센트 이상이 사회 활동을 한다. 그렇기 때문에 모든 제도를 그런 사회의 흐름에 맞도록 정립한 것이다. 물론 제도가 뒷받침하기 때문에 그런 사회생활이 가능한 측면도 있다. 이와 관련해서는 닭이 먼저인지 달걀이 먼저인지 아무리 따져봐야 확실한 답을 찾기는 어려워 보인다.

중요한 것은 여성들이 강한 남녀평등 의지와 주장을 국가와 사회로 하여금 받아들이도록 관철시켰다는 점이다.

요컨대 이 모든 육아 제도는 힘겨운 전투에서 승리한 이들이 누리는 보상인 셈이다.

---

16 라이시테(laïcité)라고 부르는 '무종교 교육' 원칙은 프랑스 대혁명 정신에 기초한 평등한 시민 정신에서 비롯된 것으로, 종교에 관한 국가의 중립 원칙을 의미한다. '세속주의'라고도 일컫는 이 원칙에 따라 학교 내에서는 일체의 종교적 색체, 행사, 의식을 금지한다. 이와 관련해서는 학교 내 히잡 금지 때문에 아랍계 시민들과 많은 갈등이 일기도 했다.

아이는 엄마가 낳지만
육아는 사회의 공동 책임

프랑스는 세계 최고의 출생률을 자랑한다. 각자 제멋대로 사는 걸 즐기는 개인주의가 팽배한 나라의 출생률이 이렇듯 높다는 건 참으로 아이러니가 아닐 수 없다.

어떤 이는 이런 현상을 '프렌치 패러독스'라고 부르기도 하는데, 사실 이는 잘 다듬어진 육아 제도와 정부의 출산 장려 정책 덕분이다.

프랑스에서 출산 휴가는 첫아이의 경우 출산 전 6주, 출산 후 10주다. 둘째 아이부터는 출산 전 8주, 출산 후 18주다. 출산 휴가만 거의 7개월 가까이 된다는 얘기다.

출산 장려금도 아기를 낳았을 때만 일시적으로 지급하는 게 아니라, 매달 국가가 부모한테 직접 양육비를 지원한다. 자녀 수에 따라 양육비도 비례해서 늘어나기 때문에 애 셋만 낳으면 부모가 일을 안 해도 먹고살 걱정은 안 한다는 말이 나올 정도다.

그뿐만이 아니다. 매년 새 학기가 시작되는 9월이면 아이들의 학용품 구입비 형식으로 '개학 준비금'을 지급한다. 이런 놀라운 일련의 제도 덕분에 프랑스의 출산율은 세계 최고 수준이다.

유치원은 2세 이상의 기저귀를 뗀 아이만 갈 수 있기 때문에 그에 앞서 유아원에 보낸다. 크레쉬[17]라고 부르는 유아원은 생후 2개월 된 아기부터 유치원에 입학하기 직전 아이까지 맡는다. 대부분의 산모는 임신을 확인한 시점에 곧바로 자신의 주소 소재지 구청에 '크레쉬'에 아이를 맡기기 위한 사전 등록 절차를 마친다.

유치원 교육비는 원칙적으로 완전 무료지만, 이른 아침과 저녁까지 아이를 맡기는 비용(아침 식사비와 오후 간식비)은 별도로 내야 한다. 점심 급식비까지 포함해 이 모든 비용은 유치원에 내는 게 아니라, 주소지 구청에 자동 이체로 납부한다. 유치원 배정을 주소지별로 구청에서 하기 때문이다.

구청에 내는 비용은 부모의 소득에 따라 다르다. 부모의 전년도 세금명세서를 구청에 제출하면 소득 수준에 맞춰 가난한 부모는 아예 무상으로, 부자 부모는 구청에서 구분한 카테고리에 따라 돈을 낸다. 철저한 사회주의적 개념이다. 유치원은 부모와 금전 거래를 할 일이 전혀 없기 때문에 아이가 어떤 카테고리에 해당하는지 알지 못한다.

유치원부터 초등학교, 중학교, 고등학교까지 모두 같은 시스템이다. 대학교에 가면 입학 수수료와 도서관 이용료로 내는 연 15만~20만 원 정도가 등록금의 전부다.

유치원에서는 글 쓰는 법을 가르치지 않는다. 그 나이 또래 아이들에게 반드시 필요한 감성과 정서를 키워주는 데 주력한다. 아이들이 보는 책은 대부분 그림책이고, 수업 시간에는 상상하고 꿈을 키우며 창의적으로 노는 법을 가르친다. 너무 이른 나이에 글을 가르치면 아이의 뇌가 풍부한 상상력과

---

17 crèche: 아기 예수가 마구간에서 태어나 누워 있던 요람을 지칭하는 말로 '유아원'을 뜻한다.

자율성을 발달시키지 못한다는 교육 방침에 따른 것이다.

프랑스 작가 마르셀 파뇰(Marcel Pagnol)의 원작 소설을 바탕으로 만든 〈마르셀의 여름[18]〉과 〈마르셀의 추억[19]〉이라는 영화를 본 사람이라면, 이러한 교육 방침이 매우 오래전부터 체계적으로 정착되었다는 사실을 알 수 있다. 프로방스 지방의 아름다운 자연을 배경으로 펼쳐지는 잔잔하고 서정적인 동심과 추억을 그린 이 영화는 원작자 마르셀 파뇰의 어린 시절에 대한 자서전이기도 하다.

시골 학교 선생님인 아빠 조제프와 다정한 현모양처의 전형인 엄마 오귀스틴은 큰아들 마르셀이 초등학교에 입학할 나이가 되기도 전에 글을 읽고 쓰는 법을 익히자 정상적인 두뇌 성장에 해가 된다며 글을 멀리하게 하느라 야단법석을 떤다.

꼬마 마르셀은 그저 무료함을 달래기 위해 학생들을 가르치는 아빠의 교실 맨 뒤에 앉아 하루하루를 보내다 자신이나 부모의 의지와 전혀 무관하게 글을 쓰고 읽는 법을 익혔을 뿐이다.

어느 날 아빠 조제프가 "내가 말썽을 부려서 엄마한테 야단맞았다"는 문장을 칠판 위에 써놓고 프랑스어 수업을 막 시작하려 할 때였다. 그날도 교실 맨 뒤에 턱을 괴고 앉아 있던 마르셀은 아빠가 써놓은 문장을 보며 "엄마는 절대 나를 야단치지 않아!"라고 말한다.

아빠는 문장을 칠판에 써놓기만 했을 뿐 아직 소리 내어 읽지도 않았는데 마르셀이 문장을 읽고 이해했다는 사실에 기겁을 한다. 그는 아이가 글을

---

18 원작명은 〈La Gloire de mon père(아버지의 영광)〉(1997년 개봉작).
19 원작명은 〈Le Château de ma mère(어머니의 성)〉(1998년 개봉작).

완전히 익혔다는 믿기지 않는 현실을 확인한 뒤, 아내와 함께 엄청나게 큰 사건이 일어난 듯 머리를 맞대고 해결책 모색에 나선다. 급기야 아이의 교실 출입을 금지하고 집 안에 있는 모든 책을 감춰버린다.

그렇게 아이를 글자로부터 격리시켰다고 안심한 지 채 며칠이 지나기도 전에 엄마는 집 안 어딘가에서 마르셀의 글 읽는 소리를 듣는다. 소리를 따라가 보니 아이는 부엌에서 엄마의 레시피 노트를 펴들고 앉아 신나게 읽고 있었다. 이 모습을 발견한 엄마는 환하게 웃으며 아이의 학구열을 막을 수 없다는 사실을 인정한다.

마르셀 파뇰이 1895년생으로 20세기 중반까지 왕성한 활동을 했던 작가라는 사실을 고려하면 프랑스의 이런 교육 풍토가 상당히 오래전부터 지금까지 지속되어왔다는 것을 알 수 있다. 프랑스에서는 유치원 아이들이 그저 놀고, 상상하고, 그림 그리고, 운동하고, 단체 생활의 에티켓을 익히는 데만 중점을 둔다. 글은 초등학교에 들어가서 배우는 것이 정식 커리큘럼이다.

우리나라에서는 유치원 아이가 글을 못 읽거나 심지어 영어를 못하는 것도 문제 삼을 정도의 과도한 학구열로 아이들을 못살게 굴고 있으니 어쩌다 이렇게 되었는지 안타깝기만 하다.

프랑스 유치원에서는 매일같이 아이들이 사용하는 그림 도구나 재료값만도 상당하지만, 부모한테 일체 부담을 지우지 않는다. 모든 것을 국가에서 제공하기 때문이다.

프랑스 국민은 육아를 전적으로 사회의 책임이라고 생각한다. 그렇기 때문에 유치원부터 대학원까지 100퍼센트 무상 교육이라는 경이로운 시스템이 가능한 것이다. 물론 그런 시스템을 운영하기 위해 부모는 엄청나게 많은 세금을 감당해야 한다. 그 정도의 재정적 기여 없이 제도만 부러워할 수는 없는 일이다. 또 그만큼 기여를 하기 때문에 정부에 대고 마음껏 큰소리를 칠 수 있다. 사회의식이 유난히 높은 프랑스 국민은 극성맞다 싶을 정도로 자신의 권리를 주장하고, 그것이 여의치 않을 경우 서슴없이 거리로 나선다.

누구나 각자 자신의 의견이 있고, 제도적으로 그런 자신의 의견과 입장을 밝힐 자유와 권리를 보장받는다는 사실을 아이들은 어려서부터 직접 보며 자란다.

프랑스 사람들은 자기주장이 강하고, 또 그 주장을 뒷받침하기 위한 논리에도 무척 강하다. 뭐든 항상 삼단논법을 동원해 자신의 입장을 분명하게 전달해야지만 직성이 풀린다. 그들이 너무도 존경하는 데카르트의 논법이 국민 한 사람 한 사람마다 뼛속까지 배어 있는 듯하다.

그러다 보니 사회 보편적으로 토론 문화가 크게 발달했다. TV 방송에서도 각양각색의 주제에 대한 토론 프로그램을 흔히 볼 수 있다. 선거 시즌에 특히 많이 하는 TV 토론에서는 그나마 정확한 룰을 정해놓고 질의응답을 한다. 요컨대 후보들이 자기한테 주어진 시간을 지키면서 매너 있게 행동한다. 하지만 그 밖에 일반적인 토론 프로그램은 그야말로 난상 토론이 대부분이다. 상대방 말은 듣는 둥 마는 둥 사생결단을 내겠다는 듯 자기 이야기만 계속한다. 그런 프로그램을 볼 때면 도대체 사회자는 뭘 하는 건지, 뭣 때문에 앉혀놓는 건지 늘 궁금하다.

그런 습관이 몸에 배어서인지 프랑스 사람처럼 정부 정책에 적극적으로 의사 표현을 하는 국민도 드물 것이다. 거의 싸움판 같은 토론 현장을 볼 때마다 과연 의사 통일이 이루어질 수 있을까, 정부는 매번 어떻게 의견 수렴을 하는 것일까 의문이 든다.

드골 대통령은 심지어 이런 말을 하기도 했다. "프랑스 국민들의 의견은 매사 프랑스의 치즈 종류만큼이나 다양해서 이런 나라를 통치하는 것은 정말 힘들다."[20]

그런 개개인의 다양성과 자유로운 의사 표현이 가능한 문화이기 때문에 자연스럽게 예술과 철학이 발달했을 것이다. 길거리에서 만나는 파리지앵들의 옷차림만 봐도 여자든 남자든 프랑스 사람들이 얼마나 각자 자기 개성을 추구하고 자기만의 고유한 멋을 부리는지 충분히 짐작할 수 있다. 그 누구 하나 유행을 흉내 낸 듯한 비슷한 옷차림이 없다. 그렇다고 아무렇게나 옷을 입은 사람도 없다. 각자 자기만의 창의성을 동원해 독창적인 멋을 부린다.

3-3
자유와 책임감의 공존:
또 하나의 프렌치 패러독스

이렇게 각양각색의 사람들이 남의 눈치 보지 않고 개인의 자유를 구가하며 살아가면서도 뭔가 하나 중요한 일이 터지면 기가 막힐 정도로 똘똘 뭉

---

20 프랑스는 365일 다른 치즈를 먹을 수 있을 정도로 치즈 종류가 다양하다.

친다. 프랑스 사람들처럼 매사에 공동 시위로 의사 표현을 열심히 하는 국민도 드물다.

시위 때문에 교통이 마비되고 관공서가 문을 닫아도 불평하지 않는다. 나와 관련된 일이라면 언제든 나도 그렇게 시위를 할 거라고 생각하기 때문이다. 실제로 자신과 관련된 사안이라고 판단하는 일에 대해서는 절대 뒷짐지고 방관하지 않는다. 아이들의 고사리 손을 잡고 함께 길거리로 나와 시위에 가담하는 부모가 대부분이다. 철저한 자유 뒤에 철저한 책임 의식. 이 또한 프랑스만의 독특한 모습이다.

이렇게 자유로운 의사 표현이 가능한 나라지만 한 사람 한 사람이 지켜야 하는 규율이나 매너는 정말이지 지독할 정도로 철저하다. 엘리베이터에 노약자를 먼저 태우고, 남자는 마지막에 타는 관습은 서양 어느 나라에서나 공통된 에티켓이다. 공공장소의 문손잡이를 바로 놓아버려 뒤따라오던 사람의 코가 깨질 뻔해도 모른 척하는 모습은 찾아보기 어렵다.

내가 7년 동안의 프랑스 유학 생활을 마치고 귀국해 얼마 지나지 않았을 때 일이다. 백화점에 들어가면서 바로 뒤따라오는 사람을 위해 문을 붙잡고 있었다. 그런데 그 사람이 나를 아래위로 한 번 흘끗 쳐다보더니 내가 붙잡고 있는 문을 통과해 그대로 들어가는 것이었다. 그 뒤를 따라오던 사람들도 모두 똑같이 행동했다. 다들 '참 특이한 도어맨이네' 하는 표정으로 말이다. 그때 느꼈던 머쓱함, 아니 황당함이 쉽게 잊히지 않았다. 요즘은 유모차를 들어주거나 문을 잡아주는 광경을 종종 볼 수 있어 얼마나 다행인지 모른다.

어디서든 줄 잘 서는 것도 서양의 공통점이지만, 프랑스 사람들의 독특한 점은 그런 에티켓을 지키지 않는 사람을 방관하지 않는다는 사실이다. 그런 사람을 발견하는 즉시 면전에서 대놓고 마구 비난을 퍼붓는다. 워낙 말이 많은 민족이라 비난의 질이나 내용 면에서 단순한 훈계라고 보기 어려울 정도다.

자녀교육에는 그토록 엄하면서도 박물관이나 영화관처럼 사람이 많이 모이는 공공장소에서 아이와 함께 화장실을 찾으면 아무리 줄이 길어도 곧바로 순서를 양보받는다. "아이가 좀 급해서요." 이 말 한마디면 모든 것이 해결된다. 어떤 때는 말 자체가 필요치 않다.

프랑스 사람들은 이런 보편적 질서에 따라 사회생활을 해나간다. 아이를 키우는 정서도 그러한 질서를 어기지 않는다. 이는 국가가 최대한 육아를 책임지는 사회이기 때문에 가능한 질서다.

3-4
Made in France:
교육에도 명품이 있다

세상에는 많은 명품이 있다. 그리고 그중에서도 각 제품별로 독보적 자리를 차지하는 최고의 명품이 존재한다. 프랑스와 역사적으로 숙명적 앙숙의 관계에 있는 데다 늘 자존심 대결을 펼치는 독일은 이른바 '명품'에 목말라 하며 프랑스를 부러워한다.

"독일의 최고 기술자와 연구진 수백수천 명이 죽어라고 매달려서 벤츠 자동차 한 대를 만들어 팔아봐야 프랑스 장인 한두 명이 만드는 에르메스 버킨 백[21] 한 개 값과 비슷하다"라는 어느 독일인의 푸념을 들은 적도 있다.

실제로 2018년 6월에는 10년 된 에르메스 핸드백이 런던 경매에서 약 2억 4000만 원에 팔렸는가 하면, 2016년에는 홍콩 경매에서 약 4억 원에 낙찰되기도 했다. 게다가 이렇게 어마어마한 고가에 팔리는 핸드백은 새것도 아닌 중고품이다. 특이한 색깔을 지닌 특별한 가죽으로 만든 한정판 핸드백은 돈이 있어도 사지 못하는 희귀성 때문에 대기자 명단에 이름을 올려놓고 몇 년을 기다려야 하는 경우도 있다.

프랑스 보르도 지방에서 생산하는 고품격 와인 '샤토 페트뤼스(Château Pétrus)' 한 병이 생산 연도에 따라서는 1000만 원을 호가하기도 한다. 믿기 어렵지만 엄연한 사실이다. 도대체 어떤 와인이기에 그런 돈을 주고 사 마시는 사람이 있는지 참으로 불가사의한 일이다.

이처럼 핸드백, 구두, 보석, 시계, 샴페인, 와인 등 인간의 자만심과 허영심을 자극하는 '명품' 하면 떠오르는 최고 브랜드 상당수가 프랑스제다. 왜 프랑스는 유독 명품을 많이 생산해내는 것일까.

수많은 사람이 그토록 열광하는 이른바 '명품'은 최고급 소재와 멋진 디자인에 장인의 정성으로 공들여 만든 맞춤형 소량 생산 방식으로 제작해 오

---

21 Hermès 버킨 백: 디자이너 장루이 뒤마(Jean-Louis Dumas)가 영국 출신 프랑스 가수이자 여배우 제인 버킨(Jane Birkin)을 위해 1984년 처음 제작한 핸드백이다. 100퍼센트 핸드메이드 제품이며, 특히 주문 제작 형식으로 핸드백 한 개를 장인 한 명이 책임지고 완성하는 1인 1제품 생산 방식으로 유명하다. 에르메스 제품은 85퍼센트를 프랑스에서 생산하며 시계는 스위스, 남성복은 이탈리아에서 제작한다.

랜 시간이 흘러도 가치나 자태가 변하지 않는 물건을 말한다. 요컨대 이런 명품은 예술품에 해당한다는 의미다.

프랑스 사람들이 조상들 잘 만나서 사방에 화려한 궁전과 예술 작품이 널려 있고, 가만히 앉아서도 몰려드는 관광객이 뿌리는 돈으로 잘 먹고 잘사는 것 같아 괜히 배가 아픈 적이 한 두 번이 아니다.

하지만 이것은 프랑스의 겉모습에 불과하다. 'Made in France' 제품을 고가의 명품으로 만들기 위해 그들이 기울인 노력을 모르고 하는 질투의 푸념인 것이다. 그 나라에서 생산하는 고유 브랜드를 명품화한다는 것은 곧 그 나라 문화의 격조를 인정받는 것과 마찬가지다.

프랑스 사람들은 뭐든 만드는 데 유독 시간이 많이 걸린다. 일을 빨리 해야 한다는 개념 자체가 아예 없는 사람들 같다. 집 한 채 짓는 데도 몇 년씩 걸린다. 할 일이 없어서 집 한 채 짓는 데 몇 년을 들이고, 핸드백 하나 만드는 데 몇 달을 투자하는 게 아니다. 집요하기 때문이다. 그것은 곧 뭔가를 제대로 해내겠다는 뚝심이고 자존심이다. 그렇게 자존심 강한 사람들이 유서 깊은 문화의 상징인 노트르담 대성당을 화재로 유실당했으니 어떤 방식으로 얼마나 걸려 복원해낼지 참으로 궁금하다.

이런 세계적 명품을 생산해내는 프랑스의 저력은 대체 어디서 나오는 것일까. 나는 프랑스에서 유학 생활을 하고 두 차례에 걸쳐 외교관으로 근무하면서 이는 바로 사람을 명품으로 키우는 프랑스의 특별한 교육 제도와 그 철학에서 비롯했다고 확신하게 되었다. 프랑스는 인재 양성도 명품 제작 형식을 취한다. 그리고 이것은 곧 프랑스의 저력과 직결된다.

프랑스 대혁명의 정신에 기초한 '자유, 평등, 박애'라는 국가 이념을 실천하는 최일선의 실행 기관인 학교는 시종일관 철저하게 평등 원칙을 지킨다. 프랑스 땅에 살고 있는 모든 사람에게 똑같이 주어지는 균등한 교육 기회, 모든 학교의 평준화, 일원화된 학위 관리와 EU 회원국 간 학적 교류, '공화국 정신'이라고 부르는 세속주의를 통한 탈종교화……. 이 모든 것이 바로 평등을 실현하기 위한 정책이다.

프랑스 대학교의 평준화 개념은 가히 놀랄 만하다. 사실 대학교 평준화는 1968년 이른바 '학생 혁명'이라고 부르는 범국민 봉기를 통해 쟁취한 것이다. "모든 금지하는 것을 금지한다"는 자유권리주의를 내세운 학생들의 주장이 승리한 대대적인 사건이다. 요컨대 일부 대학교가 부르주아 계층의 전유물처럼 되어 사회적 균열이 심각해지자 당사자인 학생들이 자발적으로 일으킨 혁명이다.

그 결과 프랑스의 모든 대학교는 평준화되었다. 그때부터 파리 시내 대학교들을 '소르본' 같은 고유명사가 아닌 1번부터 13번까지 숫자를 매겨 단과대학별로 부르게 되었다. 파리 1대학교, 2대학교, 3대학교, 이런 식이다. 요즘은 다시 각 대학교에 자율성을 부여해 종합대학교 형식으로 발전하는 추세이긴 하지만, 평준화라는 기본 원칙과 틀은 벗어나지 않는다.

하지만 프랑스 교육 제도의 특성은 여기에 그치지 않는다. 바로 '명품' 엘리트를 육성해내는 대학 위의 대학, 곧 그랑제콜[22] 시스템 때문이다. 프랑스에서는 고등학교를 마치면 별도의 입시 제도를 거치지 않고, 모든 학생

---

22 Grandes Ecoles: 국립행정대학원(ENA), 파리정치대학(Sciences-Po), 고등사범학교(ENS) 등 특수 전공 분야별로 약 250여 개의 그랑제콜이 있다. 현 마크롱 대통령을 비롯해 프랑스 고위 정치 지도자 대다수가 그랑제콜 출신이다.

이 동일하게 졸업 시험을 치른다. 이것이 바로 바칼로레아[23]다. 바칼로레아 통과 여부에 따라 대학에 진학할 수 있는 자격이 부여된다. 점수는 상관하지 않는다. 전반적으로 고등학교 졸업 예정자의 80퍼센트가 합격할 정도의 수준에서 시험의 난이도가 정해진다. 우리의 수능과 결정적으로 다른 부분이다.

물론 바칼로레아 합격률이 높은 학교의 순위를 발표하기 때문에, 프랑스에도 그런 '명문 학교'에 자녀를 입학시키기 위해 이사를 가거나 위장 전입하는 학부모들이 간혹 있다.

바칼로레아를 통과한 학생이 상급 학교로 진학하는 형태는 크게 세 가지다. 하나는 일반 대학교, 또 하나는 2년제 직업기술전문학교, 또 다른 하나는 그랑제콜이다.

프랑스 대학교는 철저하게 졸업 정원제다. 1학년을 마치면 학생들이 부지기수로 잘려나간다. 한 학년에서 다음 학년으로 진급하는 학생 수를 제한하는 형식이기 때문에 매 학년마다 엄청난 탈락률을 기록한다.

그래서 직원 채용 공고에서 스펙을 정할 때는 'Bac+몇 년'을 요구한다. 즉 대학에 입학해서 몇 년을 공부했는지 밝히라는 것이다. 단지 상급 학년으로 진학을 못해서 학업을 중단한 경우도 있고, 막상 대학 공부를 해보니 자신의 당초 기대와 거리가 멀어 중간에 자발적으로 학교를 그만두고 직업 전선에 뛰어든 경우도 많기 때문이다.

그랑제콜이라는 명품 교육 제도를 도입한 것은 18세기 후반이다. 프랑

---

23 Baccalauréat: 흔히 줄임말로 'Bac'이라고 부른다.

스 대혁명 이전에는 귀족과 가톨릭교회를 중심으로 특수층의 전유물처럼 대학을 운영해왔는데, 이를 무너뜨린 혁명 정부가 가문이나 배경이 아닌 능력 중심의 혁신적 교육 기관으로 그랑제콜을 만든 것이다. 프랑스 사회를 이끌고 국가의 미래를 책임질 최고 엘리트를 별도로 양성하는 것이 필요하다는 철학에 입각한 제도다.

그랑제콜에 다닐 학생은 대학교 입학과는 전혀 다른 길을 걷는다. 즉 바칼로레아 시험을 마치자마자 바로 프레파[24]라고 부르는 그랑제콜 준비반에 들어간다. 물론 프레파에 들어가기 위해 고난이도의 선발 시험을 치러야 하지만, 프레파에서 2~3년 정도 공부한 뒤 그랑제콜 시험을 치를 기회는 단 한 번밖에 주어지지 않는다. 본인이 원한다고 그랑제콜 지원을 위해 재수, 삼수하는 시스템이 아닌 것이다.

그랑제콜은 크게 인문계·상경계·정치행정계·이공계로 나뉘는데, 대부분의 명문 국립 그랑제콜은 자기들이 원하는 학생을 선발해 학비나 기숙사비를 전액 지원하는 것도 모자라 매월 일정액의 생활비를 준다. 그리고 이런 그랑제콜을 졸업하면 각 기관의 중견 매니저급으로 스카우트된다. 물론 명문 그랑제콜에 합격하는 것은 말 그대로 낙타가 바늘구멍에 들어가는 것보다 어렵다.

프랑스가 이렇게 최고 엘리트만을 선별해 국비로 양성하는 이유는 무엇일까. 바로 이 0.01퍼센트가 국가의 미래를 짊어질 소수 정예라는 철학 때문이다. 국가는 이처럼 철저한 교육과 선별 과정을 거쳐 추린 이들에게 전적으

---

24 CPGE(Classes préparatoires aux grandes écoles): 그랑제콜 준비반을 말하는데, 그냥 줄여서 관용어처럼 '프레파(Prépa)'라고 부른다.

로 투자를 한다.

특히 그랑제콜 중에서도 가장 두드러진 학교 두 곳을 들자면 고위 공직자 양성 기관인 'ENA'와 최고 두뇌의 엔지니어 양성 기관인 'X'를 꼽을 수 있다.

국립행정대학원, 곧 ENA는 제2차 세계대전 직후인 1945년을 전후해 국가 재건이라는 엄청난 부담과 목표 앞에서 정부를 이끌어갈 고위 공직자를 양성하기 위해 당시 드골 대통령의 지시로 설립한 교육 기관이다.

공과대학, 곧 X(Ecole Polytechnique)는 프랑스 대혁명 직후인 1794년 나폴레옹이 군대의 고위 장교를 양성하기 위해 설립한 학교인데, 엔지니어링 분야로 특화되어 이공계 관료 배출 기관으로 발전했다.

이 두 그랑제콜 출신이 프랑스 고위 공직자의 60퍼센트를 차지한다. 이처럼 국가가 미래에 대한 확실한 비전을 갖고 설립해 학생 모집부터 교육, 연수, 사회 배치 및 네트워크, 트랙 정비, 사회 기여도 평가에 이르기까지 철저하게 관리하는 맨파워 덕분에 프랑스는 제2차 세계대전 이후 급속도로 국가 제도 정비와 현대 산업 기술 발전을 이루어낼 수 있었다.

그랑제콜은 프랑스가 표방하는 '전 국민 평등주의' 위에 세워진 공식적인 불평등 제도다. 대표적 프렌치 패러독스의 한 단면이기도 하다.

그랑제콜이 국가가 투자하는 돈과 노력에 비해 그에 상응하는 결과를 내지 못하고 국가 발전에도 그다지 도움을 주지 못하면서 불평등만 초래하는 사회 문제의 주범으로 전락했다는 비판이 끊이지 않고 있지만, 프랑스가 추구하는 0.01퍼센트 최고 엘리트 양성이라는 국가적 비전은 당분간 지속될 것 같다. 교육을 통해 진정한 'Made in France' 명품 인재를 키워내고자 하기 때문이다.

교육은
학교가 책임진다

프랑스에는 사교육이 없다. 어린 아이들은 유치원과 학교에서 진행하는 감성 위주의 커리큘럼에 맞춰 놀고, 꿈꾸고, 상상하느라 다른 과외 수업을 받을 시간적 여유도 없다. 큰 아이들 역시 학교 수업과 과제를 따라가기에도 벅차기 때문에 사교육에 눈을 돌릴 여유가 아예 없다. 게다가 유치원부터 대학원까지 전액 무상이다 보니 교육이라는 것 자체가 사비를 들여 하는 게 아니라는 공교육 개념이 확실하게 자리 잡았다.

특수한 인재를 양성하는 그랑제콜이 아니라 그냥 일반 대학교에 입학할 학생이라면, 고등학교 졸업 자격시험에 해당하는 바칼로레아만 통과하면 되기 때문에 입시 학원도 없다.

사교육이 없으니 유별난 선행 학습이나 조기 교육도 없다. 조기에 그리고 남보다 앞서 학습을 해야 한다는 개념 자체가 없다. 오히려 필요한 적기에 남들과 어울려 시간을 갖고 천천히 즐기면서 하는 공부를 지향한다. 즉 아이들 개개인이 지닌 고유의 감수성과 놀이를 통해 개발되는 독창성, 표현력, 상상력 등의 감성적 특성을 마음껏 발휘하도록 하는 데 치중한다.

우리나라 엄마들이 사교육에 얽매이게 된 가장 큰 요인은 정부 정책의 미숙함 때문이다. 입시 제도 자체가 오랫동안 꾸준히 정착하지 못한 채 수시로 바뀌다 보니 공교육에 대한 국민의 신뢰가 사라져버렸다. 언제 어떻게 바뀔지 모르는 불확실성에 대비하기 위해서는 전천후 교육 방식을 미리미리 택해 공부해야 한다. 아울러 그런 순간의 흐름에 맞춰 부모와 학생의 요구에 적절히 부응하는 사교육에 의존할 수밖에 없다.

게다가 이러한 풍토는 불행히도 하루아침에 생긴 게 아니라 오랜 시간 누적된 공교육에 대한 불신에서 비롯된 것이다. 그렇기 때문에 정부가 아무리 '사교육 뿌리 뽑기'라는 구호를 내걸어도 '새마을 운동' 하듯 범국민적 호응을 얻지 못하는 것이다.

사교육 부담 때문에 나라를 떠나기까지 하는 지경에 이른 지금, 막연히 남의 나라 교육 제도나 풍토를 이야기해봐야 강 건너 불구경밖에 되지 않는다. 하지만 내가 경험한 프랑스나 미국의 학교 제도를 보면 비단 이것이 이런 나라들에서만 가능하리라는 법도 없다. 이는 의지의 문제이기 때문이다. 학부모와 국가가 함께 힘을 합해 신뢰할 만한 그리고 민주주의적인 교육 제도를 정착시켜나가는 의지 말이다.

프랑스와 미국의 결정적 차이는 대학 교육에 있다. 모든 대학이 평준화되어 있어 주소지에 맞게 배정하는 형식을 취하고 대학 입시 자체가 없는 프랑스와 달리, 대학 등급이 천차만별이고 등록금도 어마어마한 미국의 경우는 어학 시험을 비롯한 여러 가지 스펙을 필요로 하기 때문에 그런 시험 준비에 따른 특별 사교육이 존재할 수밖에 없다.

프랑스에는 한인 동포들이 얼마 되지 않거니와 무엇보다도 대학 입학시험이 없으니 딱히 과외 학원이 필요해 보이지 않는다. 프랑스의 진학 개념은 선발이 아니라 통과 형식이기 때문에 아등바등 남보다 엄청나게 앞서야 한다는 경쟁의식이 없다.

물론 프랑스에도 '과외 공부'라는 용어가 있다. 하지만 개념 자체가 우리와 완전히 다르다. 프랑스의 과외 공부는 학교 수업을 미처 따라가지 못하는 낙제생을 대상으로 일정 커리큘럼의 낙오자를 만들지 않기 위해 학교에서 운영하는 제도다. 그렇기 때문에 과외 공부 자체가 학생들에게는 불명예일 수밖에 없다.

프랑스의 경우 초등학교까지는 그다지 학업량이 많지 않다. 그 대신 다양한 종류의 취미 생활과 소양 교육 그리고 미술 교육에 주력한다. 내 아이들이 프랑스에서 다니던 유치원은 '미술 학원'을 방불케 했다. 유치원 내부가 온통 아이들이 그린 그림으로 가득 차 있었다. 원장 선생님은 미술을 통한 유아 교육의 전문가로 정평 난 인물이었다. 인천시에서 초청을 받아 미술 유아 교육에 관한 세미나 참석차 한국을 다녀왔다며, 한국 아이를 받게 된 것을 무척 기뻐하기도 했다.

단체로 박물관에 가서 줄지어 앉아 유명한 조각이나 그림을 모방해 그리거나, 전통 인형극을 관람하고 나서 아이들끼리 마리오네트 역할을 맡아 직접 연극을 하거나, 동화 테마를 정해 맡은 배역대로 분장을 하고 행진하며 이야기를 재현하는 등 아이들이 직접 참여하는 학습이 무척 많다. 그렇다고 부모를 오라 가라 하는 일은 없다. 어떤 부모도 일일이 아이들의 커리큘럼에 맞춰 수시로 학교를 들락거릴 만큼 한가하지 않기 때문이다.

중학교에 들어가면서부터 학교 커리큘럼은 눈에 띄게 달라진다. 교육 수준이나 학업량 자체가 아이들에게 한눈 팔 여유를 주지 않는다. 타이트한 이런 수업은 고등학교를 마칠 때까지 계속된다. 학교 수업이 끝나면 수준에 따라 보충이 필요한 학생은 남아서 추가 학습을 한다.

여가와 취미 활동을 위한 여러 가지 과외는 구역별로 시에서 운영하는 커뮤니티 활동에 등록해 받을 수 있다. 물론 약간의 수업료를 내야 하지만, 피아노나 바이올린 같은 인기 과목은 일찍 자리가 차버리기 때문에 미리미리 서둘러 사전 등록한다.

프랑스는 학생들의 천국이다. 일체 무상 교육이라는 점도 어마어마하지만, 그 밖에 학생들에 대해서는 국가가 모든 걸 지원한다. 만 26세 대학원생까지 모든 것에 할인 혜택을 받는다. 그리고 이러한 국가적 시스템은 아이들이 일찍 자립심을 키워 사회인으로서 자기 자리를 찾는 데 결정적 역할을 한다.

이 모든 과정에서 무엇보다 중요한 것은 국가와 학부모의 공조다. 어느 한쪽이 시스템에 협조하지 않고 혼자 '튀게' 되면 공교육 체제가 무너질 수밖에 없다. 상호 신뢰 없이는 절대 불가능한 제도이기 때문이다.

부모가 책임지는 어마어마한 세금과 그 세금으로 운영하는 국가의 교육 경영 체계는 누가 수요자이고 누가 공급자인지 구분할 수 없을 정도로 밀착해 있다. 부모는 국가를 믿고 자녀를 맡긴다. 아이들은 국가가 부모와 함께 만들어놓은 시스템 안에서 인생을 준비하고 설계해나간다. 그리고 이는 그 나라의 사회, 전통, 문화와 맥을 함께한다.

우리나라 엄마들은 모두 능력이 너무 넘친다. 대부분 최고 교육을 받았다. 상당수는 직장에 다니다가 아이를 낳으면서 주부의 길을 택한 경우다. 사회가 뒷받침해주지 못해 생기는 불행한 현실이다.

지적 능력이 뛰어난 데다 시간까지 많아진 엄마들은 자녀에게 유난스러운 관심을 쏟기 시작한다. 그러다 보니 아이를 대상으로 온갖 지적 실험을 한다. 조기 교육, 영재 교육, 선행 학습, 바이링규얼 교육, 예능 교육, 꿈나무 교실, 심지어 태교에 이르기까지 갖가지 교육 프로그램을 개발한다. 엄마들의 부추김으로 생기는 프로그램이니 엄마들이 개발한 것이나 진배없다. 그리고 사회 전체가 이런 기형적 교육 현상을 수용한다. 뒤처진 사회 시스템으로 인해 이런 기이한 현상이 발생한다는 사실을 숨기기 위해서다.

나의 이런 공격적 비판이 시간도 능력도 없어 아이한테 아무것도 해주지 못하는 한심한 엄마의 넋두리라는 비난을 받아도 어쩔 수 없다. 국가가 전적으로 교육을 책임지고 공교육의 권위가 살아 있는 사회라면, 나아가 진학 시스템상 사교육이 필요 없는 나라라면 지금 같은 상황이 발생할 리 없기 때문이다. 아울러 모든 노동 가능 연령대의 여성이 사회생활에 여념이 없는 국가라면 온갖 종류의 사교육을 개발하는 데 쓸 시간도 여유도 없을 것이기 때문이다.

공교육의 권위는 어디까지나 국가의 위상과 직결된다. 공교육이 무너져 사교육이 부모의 허리를 휘게 하고, 그러한 교육 현실에 내몰려 해외로 자녀를 보내거나 직접 데리고 나가는 현상은 전 세계를 통틀어 우리나라밖에 없다.

이것을 무엇으로 설명할 것인가. 한국만 유난히 교육열이 높은 것은 분명 아니다. 교육을 학교에서 책임지지 못하는 우리의 현실은 곧 학교를 믿지 못하는 사회의 총체적 문제다. 사회가 변하고 의식이 변해야만 시정할 수 있는 무척 어려운 문제인 것은 분명하다. 그리고 그 변화의 열쇠는 엄마들이 쥐고 있다. 능력과 시간이 모두 많은 엄마들 말이다.

파리에서 볼 수 있는 가장 인상적인 풍경 중 하나는 이른 아침 동네 빵집마다 길게 서 있는 줄이다. 빵이 막 구워져 나오는 시간에 맞춰 빵을 사려고 기다리는 사람들이다. 따끈하고 바삭바삭한 바게트는 세게 쥐면 부서지기 때문에 어린 병아리를 다루듯 살살 잡아야 한다. 바게트를 한입 베어 물 때 나는 소리를 상상하는 것만으로도 입에 군침이 돈다.

파리에서는 아침 운동을 마친 후 막 구워 낸 기다란 바게트나 봉지에 담은 크루아상을 들고 뛰어 들어오는 아빠들을 종종 볼 수 있다. 온 국민이 끼니마다 먹는 바게트는 국가에서 가격을 강제로 조정하기 때문에 무척 저렴하다. 하지만 크루아상은 개당 1유로가 넘어 사실 온 식구가 매일 먹기엔 좀 부담스럽다. 이런저런 면에서 가족의 아침상에 크루아상을 올려주는 아빠는 당연 일등 아빠로 꼽힌다.

어린 자녀가 있는 부모는 아침 식사를 마치면 서둘러 집 근처에 있는 유치원이나 학교로 간다. 파리에서는 특수한 사립학교에 보내지 않는 한 자동차로 통학하는 경우는 극히 드물다. 대부분 도보로 5~10분 이내에 있는 학교에 배정받기 때문이다. 초등학교 때까지는 부모들이 아이를 직접 데려다 주고 나서 대부분 지하철로 출근한다. 이것이 아침마다 파리에서 볼 수 있는 보편적인 풍경이다.

내가 아이 둘을 키우며 경험한 프랑스 부모는 한마디로 '극성'이었다. 우리는 종종 한국 엄마들을 극성맞다고 표현한다. 하지만 내가 경험한 프랑스 엄마 아빠의 '극성'은 이 단어가 연상케 하는 보편적 의미의 성향과 완전히 다르다.

처음 프랑스 부모들의 '극성'을 직접 경험한 것은 유치원 학부모 참여 프로그램을 통해서였다. 크리스마스가 다가오는 12월 초가 되면 유치원도 벌써부터 술렁거리며 들뜬 분위기가 된다. 유치원은 연말 학예회 준비를 위해 학부모에게 도움을 청한다. 퇴근 후 저녁 시간에 유치원에 모여 학예회장을 꾸미는 일이다. 물론 강요가 아닌 선택이다. 여건이 안 되어 불참한다 해도 그 또한 각자의 자유다.

학부모들은 전년도에 썼던 물건을 모두 꺼내고 색종이나 반짝이 등을 모아 그해의 크리스마스 장식 콘셉트와 테마를 잡은 뒤, 거기에 맞춰 장식 소품을 만드는 일을 한다. 엄마들뿐 아니라 아빠들도 나선다.

나는 이 자원봉사에 두어 번 참여해본 적이 있다. 평일 밤 시간에 다른 엄마들과 같이 장식품을 만들었는데, 프랑스 엄마들의 극성은 그야말로 끝내준다. 엄마들이 모이면 그중에서도 가장 극성스러운 누군가가 나서서 각자 할 일을 모두 나누고 조를 짜서 일사분란하게 움직인다. 그러고는 가위질을 하거나 풀칠을 해서 붙이는 등의 단순 노동을 시작한다.

학부모들과 모여 앉아 이런저런 이야기를 주고받다 보면 한국과 프랑스의 사고방식 차이가 극복하기 어려울 정도로 크다는 생각이 든다. 게다가 내게 거의 충격적으로 다가온 것은 나랑 같이 가위질을 하고 있는 엄마들이 모두 직장에서 하루 일과를 마치고 나처럼 피곤에 지쳐 퇴근한 워킹맘이라는 사실이다.

우리 같으면 인터넷에 넘쳐나는 크리스마스 장식을 사면 그만이고, 선생님들이 그걸 적절히 달면 그만일 것이다. 하지만 그들은 조를 짜서 핸드메이드 장식을 직접 만든다.

'정말 극성이구나' 하면서도, 나는 이런 열성이 바로 프랑스를 만드는 힘이라는 생각을 떨칠 수 없었다. 귀찮다거나, 억지로 한다거나, 힘들다거나 하는 모습은 그 누구의 얼굴에서도 찾아볼 수 없었기 때문이다. 쉬지 않고 떠들면서도 질서 있고 체계가 잡혀 있었다.

그것은 '일사분란한 극성'이었다. 모두가 마음에서 우러나 하는 일이었고, 그렇게 하는 게 당연하다고 여겼다. 아이들과 유치원을 위해 무언가 구체적인 프로젝트를 완성한다는 사실을 즐겼다.

그렇게 엄마 아빠는 직접 크리스마스 장식을 만들어 유치원을 꾸미고, 아이들은 엄마 아빠를 초청해 그동안 열심히 준비한 합창을 선보인다.

커뮤니티 문화는 우리가 속한 사회를 우리 힘으로 리드해나가는 것이 핵심이다. 귀찮고 힘든 그 일을 부모들이 자발적으로 같이하는 이유는 과연 무엇일까. 그건 내 아이들을 위해 무엇이 최선인지를 함께 고민하기 때문이리라. 프랑스가 한국보다 물자가 적어서도 아니고, 생활이 풍족하지 않아서도 아니다. 오로지 관심이 더 많은 것이다. 그건 내 아이 그리고 내 아이가 속한 커뮤니티에 대한 관심이다. 아무리 아이들에게 엄하고 철저한 매너를 고집하는 부모이지만, 전혀 다른 방식으로 그 아이들에게 정성과 관심을 쏟는 것이다. 그런 정성 속에서 자란 아이들은 주변 환경에 민감하고 작은 것

하나에도 감동하는 어린 시절을 보낸다.

　한 번 쓰고 버리는 일회용 물품이 넘치는 우리 사회에서 과연 밤늦도록 유치원의 크리스마스 장식을 만드는 데 동참할 부모가 몇이나 있을까.

　물론 우리 엄마들도 '녹색 어머니'가 되어 추운 한겨울 아침부터 길거리에 나와 아이들을 돌보고, 바자회를 조직해 불우이웃돕기에 앞장선다. 이는 곧 아이들에 대한 관심이나 정성이 결코 프랑스 엄마들에게 뒤지지 않는다는 뜻이다.

　그렇다면 무슨 차이일까? 그것은 작은 것에 서로 감동하고, 작은 것에서 큰 것이 나온다는 사실을 몸소 아이들에게 가르치는 방법의 차이다.

　좋은 물건을 편하게 사서 아이들에게 안겨주는 게 아니라, 소박한 장식품 하나하나가 모두의 힘과 마음을 합쳐 최고의 데커레이션으로 빛날 수 있다는 사실을 직접 아이들에게 보여주는 것이다.

　누가 보아도 윤택하고 인생을 즐기며 사는 프랑스 사람들은 이처럼 자신의 삶을 지키기 위해 애를 쓰고, 힘을 합치고, 책임을 공유한다. 그리고 아이들은 그런 부모를 보며 성장한다.

　내가 프랑스에서 본 부유함의 척도는 분명 단순한 GDP나 1인당 국민소득 같은 수치에 있지 않았다. 그것은 자신의 삶을 공동의 책임 아래 이끌어 나가려는 마음가짐과 태도에 있었다.

　나는 그렇게 공동의 책임을 만들어주는 사회도 사회거니와 그런 사회의 일원으로서 몸과 마음을 아끼지 않는 부모들이 정말 부러웠다. 수다 떠는 것에도 극성맞고 자기 권리를 찾아 시위하는 데에도 극성이지만, 무엇보다 자식이 몸담고 있는 유치원이라는 작은 공동체를 위해 너 나 할 것 없이 바쁜 틈을 쪼개 봉사하는 그들이 부러우리만큼 대단해 보였다. 그게 프랑스 엄마 아빠들의 저력일 것이다.

세속주의와 통합주의: 프랑스 사회와 교육을 이끄는 절대적 이념

프랑스의 자유분방한 분위기는 세계적으로 정평이 나 있다. 또 그런 분위기는 '프랑스' 하면 연상되는 로맨틱한 무드와도 직결된다. 프랑스에서 모든 구성원 개인의 절대적 자유에 대한 권리는 일종의 불문율에 해당한다. 그리고 이 권리는 만인이 평등하게 누린다.

개인의 사생활도 각자의 자유인 만큼 절대 문제 삼지 않는다. 대통령이든 연예인이든 평범한 시민이든 자유의 권리를 보장받는 것은 누구나 똑같다. 프랑스 사회를 전형적으로 표현하는 '톨레랑스(tolérance)', 즉 '관용'의 극치라고 보아도 좋을 듯하다.

역대 프랑스 대통령들의 경우를 한 번 예로 들어보자. 미테랑 대통령은 재직 중에도 수시로 애인의 아파트를 드나들었고, 그 애인과의 사이에서 낳은 딸을 거의 매일 엘리제궁으로 불러 놀게 했다. 그럼에도 그는 장장 14년 동안 대통령직을 유지했고, 지금도 프랑스 국민이 가장 그리워하는 대통령으로 꼽힌다. 사르코지 대통령은 자신이 뇌이쉬르센 시장으로 있을 때 시청 결혼식 주례[25]를 섰던 신부한테 반해 그녀와 결혼했다. 이후 그렇게 결혼한 부인 세실리아와 이혼하고 패션모델이자 가수로 유명한 카를라 브루니와 세 번째 결혼을 했다.

이어 취임한 올랑드 대통령은 결혼은 안 했지만 오랜 세월 함께 산 정치적 동지이자 대선 후보였던 세골렌 르와얄과 헤어지고 기자 출신의 동거녀와 함께 엘리제궁에서 지냈다. 하지만 야밤에 엘리제궁을 빠져나와 오토바이를 타고 파리 시내에 있는 영화배우 애인 집으로 가는 사진이 공개되어 곤욕을 치르기도 했다. 하지만 이때 문제 된 것은 애인과의 사생활이 아니라 대통령 신분으로 적절한 경호도 없이 오토바이를 타고 대통령궁 밖으로 나온 '경솔한' 행위였다.

그중에서도 압권은 현 마크롱 대통령이다. 특히 우리나라 엄마들 입장에서는 기가 막힌 경우가 아닐까 싶다. 마크롱은 고등학교 때 자기 선생님과 사랑에 빠졌다. 나이 차이가 무려 스물다섯 살이나 되는 아들 같은 어린 나이의 제자와 교제를 한 브리지트는 이미 아이를 셋이나 둔 기혼녀였다. 큰아들은 마크롱보다 두 살이 많고, 둘째아들은 마크롱과 동갑내기에다 같은 고등학교 친구였다.

이 어마어마한 러브 스토리가 내 아이의 이야기라면 우리 엄마들은 과연 어떻게 할까. 고등학생 아들과 교제하는 학교 선생님을 우리 사회는 어떻게 볼까. 있을 수도 없고 있어서도 안 되는 이야기일 게 당연하다.

---

25 프랑스의 결혼식은 보통 두 번에 걸쳐 이루어진다. 한 번은 시청에서 하는 법적 결혼식이고, 한 번은 성당이나 교회에서 하는 종교 예식이다. 시청 결혼식은 시장이 주례를 본다.

하지만 프랑스 사회는 참으로 독특하다. 이런 마크롱의 러브 스토리는 단지 개인의 사생활일 뿐이다. 그를 대통령으로 뽑는 데 전혀 장애 요인이 되지 않는다. 프랑스 사람들의 사고방식을 우리가 따라 할 필요도 없고, 사실 이해하기도 어렵다.

그렇다면 프랑스가 속된 표현을 빌리자면 그야말로 '콩가루' 사회여야 하지 않을까. 하지만 현실은 전혀 그렇지 않다. 모든 국민이 모래알처럼 각자 자기만의 자유와 권리를 만끽하는 것이 철칙이지만, 국가라는 하나의 울타리 안에서 뭉치는 시민 정신에는 그 어떤 서양 국가도 당해내지 못한다. 이것이 프랑스 사회를 이끄는 힘이다.

프랑스 사회 전체에 흐르는 기본 철학은 두 가지다. 하나는 종교 편향을 완전히 배제하는 '세속주의'고, 또 하나는 인종과 출신을 가리지 않는 '통합주의'다.

세속주의는 프랑스어로 '라이시테(laïcité)'라고 하는데, 그 기조에는 산업혁명이 일어나면서 과학 기술을 신뢰하고 종교의 영향력에서 탈피하려 했던 근대적 사상이 자리하고 있다.

이 세속주의는 특히 교육에 있어 절대적 원칙이다. 과거 식민 지배의 역사를 가진 프랑스에는 특히 이슬람권 북아프리카 이민자가 매우 많다. 유대인도 많다. 아프리카 흑인도 많다. 따라서 적어도 프랑스 정부가 마련한 교육 제도 틀 안에서 프랑스 학교를 다니는 모든 국민은 특정 종교를 표현하는 외관상의 차림이나 종교 의식에 따른 행위를 학교에서 할 수 없다.

무슬림 학생이 히잡을 쓰거나 유대인 학생이 키파를 쓴 상태로는 절대 등교할 수 없다. 프랑스 대혁명의 이념인 공화국 시민 정신에 입각한 세속주의를 가장 분명하게 지키는 곳이 공공 교육 기관인 학교다. 역사적으로 우여 곡절 끝에 20세기 초 '교회와 국가의 분리에 대한 법'을 공식 채택하면서 국가와 공공의 영역에서 종교 세력이 침투하지 못하도록 원천적으로 봉쇄했다. 사회의 사적 영역에서는 모든 종교적 자유를 보장하되 공적·정치적 영역에는 종교 분파가 개입하지 못하도록 엄격하게 차단한 것이다.

이러한 철저한 세속주의와 더불어 프랑스는 '단일하며 분리될 수 없는 하나의 공화국'이라는 이념을 표방한다. 이 또한 역사적으로 프랑스 대혁명에 그 근간을 두고 있다. 프랑스는 공공 교육을 통해 단일한 공화국의 국민을 양성하며, 공화국의 모든 국민은 법적으로 공화국의 보호를 받으며, 그 안에서 절대적으로 평등하고 자유롭다.

따라서 공화국은 내부의 이질적 주체들을 공화국 내부로 통합하고 동화시켜야 하며, 프랑스 국민이 되고자 하는 사람은 무슬림이든 유대인이든 흑인이든 불교 신자든 문화적·민족적·인종적 기원에 관계없이 공화국 시민이 될 수 있다. 이와 마찬가지로 공화국의 이념을 따르지 않는 사람이나 단체는 절대 프랑스 국민이 될 수 없다.

프랑스는 여러 종교와 민족, 문화가 어우러져 공존하는 전형적인 다문화 사회다. 게다가 톨레랑스, 자유, 평등을 지상 최고의 미덕으로 여기는 대표적인 나라다. 이런 국가가 세계 무대에서 통합된 힘을 발휘하는 토대는 바로 세속주의와 통합주의에 있다. 프랑스 국민은 각자 개인의 자유 속에서 반드시 국가의 일원으로서 책임감을 발휘한다.

그리고 이렇게 공고한 단결력의 기초는 바로 교육에 있다. 각급 학교마다 철저하고 흔들리지 않는 국가 교육철학에 입각해 체계적이고 합리적인 교육이 이루어지기 때문에 범국가적 통합이 가능한 것이다.

세속주의를 위반하고 히잡을 쓴 채 등교한 여학생들을 퇴학시키는 일이 발생하자 프랑스 사회는 온통 찬반 논쟁으로 들끓었다. 하지만 공공 교육 기관인 학교에서 세속주의는 그 어떤 이념이나 철학보다 우선한다는 대명제를 거스르지는 못했다.

2018년 월드컵 축구 대회에서 우승한 뒤 아프리카 출신 흑인이 대다수인 프랑스 국가 대표 선수단을 놓고 미국 TV 풍자 토크쇼 진행자가 "프랑스의 우승이 아니라 아프리카의 승리"라며 비아냥거린 적이 있다. 그러자 프랑스는 미국 주재 대사를 통해 "월드컵 대표단 선수 대부분은 프랑스에서 태어나 프랑스에서 교육을 받고 프랑스에서 축구를 배운 프랑스 시민이다. 그들의 다채로운 출신 배경은 곧 프랑스의 다양성을 반영"하는 것이라고 항의했다. 아울러 "프랑스는 미국과 달리 국민을 인종과 종교, 출신에 따라 나누지 않는다"고 덧붙였다.

이렇게 프랑스는 이민자 정책에서도 국가 통합을 위한 동화주의를 추구하며, 나아가 공교육에서 절대로 인종적·민족적 구분을 인정하지 않는다. 바로 이것이 프랑스를 이끄는 큰 힘이다.

4부

오늘의 프랑스를 만든
워킹맘의 힘

프랑스 여성들은 악착같이 자신을 가꾸고 자기주장을 옹호하며 일에서든 사랑에서든 육아에서든 분명한 자기 영역을 만들어 매사에 정말 철저하다.

아울러 그런 방식으로 우아함을 가꾼다. 정서도 가꾼다. 그들은 참으로 부지런하다. 그래서 살찔 겨를이 없다. 그렇게 그들은 중년이 되어서도 미니스커트에 스니커즈를 신고 거리를 활보한다. 선탠이 잘된 탄력 있는 팔뚝을 자랑하고, 거리낌 없이 민소매를 입고, 선글라스로 쓸어 올린 단발의 생머리를 휘날린다. 거침없고 당당한 자세와 늘 스스로를 관리하는 철저함. 이것이 그들의 우아한 매력이다.

The Power of
French Mother

우아함은
사명이다

　어느 국가든 그 나라를 떠올리면 보편적으로 생각나는 이미지가 있다. 바로 그 이미지가 그 나라의 국가 브랜드를 좌우한다. 프랑스라는 나라가 주는 이미지는 자연스럽게 프랑스 여성에 대한 선입견을 형성한다. 소피 마르소, 카트린 드뇌브, 이자벨 아자니, 쥘리에트 비노슈 등 프랑스 여배우의 이름과 샤넬, 디오르, 이브생로랑 등의 프랑스 패션 디자이너가 함께 연상되면서 우아하고 부드러운 수채화 같은 장면을 생각나게 한다.

　하지만 이것은 프랑스 여성에 대한 판에 박힌 클리셰[26]에 불과하다. 실제 프랑스 여자들은 무척 악착같다. 그리고 단호하다. 게다가 철저하기까지 하다. 프랑스 여성의 우아한 이미지도 사실 악착같이 만들어낸 것이다. 그들은 가치관이 뚜렷하고, 그런 만큼 고집도 세며 매사 절대 지는 법이 없다. 지독할 정도로 자기 관리도 철저하다. 그들이 다른 나라 여성에 비해 좀 더 우아하게 보인다면 그건 몸에 밴 자기 관리 습관 덕분이다.

　파리 시내 곳곳에서 운동하는 여성을 늘 접하지만 특히 많이 눈에 띄는 장면은 유모차를 밀며 조깅하는 젊은 엄마들이다. 그리고 특이한 점은 전 세

---

26 cliché: '판에 박힌 상투적인 말'을 의미하는 프랑스어. 선입견에 의해 정착된 고정관념을 지칭하기도 한다.

계 화장품과 향수 시장을 프랑스 브랜드가 석권하고 주름잡고 있지만, 정작 프랑스 여성은 우리네처럼 일상적으로 풀 메이크업을 하는 일이 극히 드물다는 것이다. 간단한 기초화장에 마스카라와 립스틱만 바르면 아침 출근 화장이 끝난다. 풀 메이크업은 격식 있는 디너 혹은 결혼식 같은 특별한 행사 때나 한다.

프랑스에서는 성형도 참 드문 일에 해당한다. 자기 관리에 철저한 여성들이지만 얼굴에 칼을 대는 데는 일단 손사래부터 친다. 다만 이들이 참으로 열의를 갖고 매달리는 것은 바로 다이어트다. 상업적인 것이든 심미적인 것이든 아니면 의료적인 것이든 아무튼 다이어트는 사회 전체의 최고 관심사다.

특히 여름 바캉스 시즌이 다가오기 시작하면 TV 광고는 물론 신문, 잡지도 온통 다이어트를 자극하는 광고로 도배를 한다. 다이어트를 위한 운동 프로그램, 식단, 먹는 약, 바르는 약 등 실로 엄청난 소비 시장이 이에 해당한다.

"작년에 바캉스를 위한 몸 만들기에 실패했다면 올해는 절대 그 실수를 되풀이하지 맙시다!"
"꿈의 바캉스를 위해 두 달 전인 지금부터 시작해도 이르지 않습니다!"

이런 소프트한 문구로 시작해 시간이 지나면서 점점 더 자극적이 된다.

"한 달 남았습니다. 망설일 시간이 없습니다!"

"이제 일주일밖에 남지 않았습니다. 속성 다이어트는 바로 지금입니다!"
"휴가 기간에도 당신의 다이어트는 계속됩니다!"

시간의 흐름에 따라 점점 거세지는 다이어트 광고 문구의 변화를 지켜보는 일도 꽤 재밌다.

프랑스 여성들의 다이어트는 일상생활이다. 언젠가 '프랑스 여성은 왜 늙지 않는가', '프랑스 여성은 왜 살찌지 않는가' 따위의 이런저런 현상에 대한 책이 유행한 적이 있다. '적게 먹는다', '많이 움직인다', '식사 때마다 와인을 한 잔씩 곁들인다' 등등 다양한 학설이 있지만, 이런 외적인 것보다 결정적인 내적 요인이 한 가지 있다.

그것은 바로 악착같은 성격이다. 단도직입적으로 다소 부정적인 표현을 쓰자면, 프랑스 여자들은 독하고 예민하다. 호불호가 분명하고 똑 부러지며 자기주장을 하는 데 물러섬이 없다. 논리가 정연한 것은 모든 프랑스 사람의 특징이지만 특히 여성들은 논리를 뒷받침하는 고집스러운 특성을 갖고 있다. 말싸움으로 프랑스 여성을 이기기는 정말 힘들다는 뜻이다.

프랑스 여성들은 악착같이 자신을 가꾸고 자기주장을 옹호하며 일에서든 사랑에서든 육아에서든 분명한 자기 영역을 만들어 매사에 정말 철저하다.

아울러 그런 방식으로 우아함을 가꾼다. 정서도 가꾼다. 그들은 참으로 부지런하다. 그래서 살찔 겨를이 없다. 그렇게 그들은 중년이 되어서도 미니스커트에 스니커즈를 신고 거리를 활보한다. 선탠이 잘된 탄력 있는 팔뚝을 자랑하고, 거리낌 없이 민소매를 입고, 선글라스로 쓸어 올린 단발의 생머리를 휘날린다. 거침없고 당당한 자세와 늘 스스로를 관리하는 철저함. 이것이 그들의 우아한 매력이다.

엄마는 엄마이기 이전에 여자다

《프랑스 여성들은 늙지 않는다》라는 책이 유행한 적이 있다. 직접 읽어 보지는 않았지만 책의 제목을 보는 순간, 2명의 프랑스 여성이 떠올랐다. 클레르 샤잘과 이자벨 위페르. 우리나라에서도 제법 잘 알려진 셀럽들이다.

1956년생인 샤잘은 지금도 활발히 활동하고 있는 프랑스 최고의 기자 출신 뉴스 앵커이자 사회자로서 프랑스 여자들이 가장 닮고 싶어 하는 사람으로 늘 꼽히고 있다. 위페르는 1953년생 영화배우로 이자벨 아자니와 쌍벽을 이루는 연기파이며, 홍상수 감독 영화 〈다른 나라에서〉에 출연하기도 했다. 둘 모두 비슷한 60대 중반의 연령대에 세련되고 개성 있는 외모가 프랑스 여성의 전형을 떠올리게 한다.

클레르 샤잘은 역대 프랑스 대통령들이 TV 정책 토론을 할 때마다 가장 선호하는 사회자로 꼽을 만큼 부드러우면서도 똑 부러지는 외유내강 그 자체라고 볼 수 있다.

이자벨 위페르는 노벨 문학상 수상 작가 엘프리데 옐리네크의 소설 《피아노 치는 여자》를 영화화한 하네케 감독의 〈피아니스트〉에서 주인공 에리카로 열연해 칸 영화제 최우수상을 받았고, 2017년에는 골든 글로브 여우주연상을 수상할 정도로 여전히 활발히 활동하고 있다.

두 사람의 가장 큰 공통점은 분명하고 확실한 여성성이다. 누가 보아도 아름답고 여성스러운 외모에 전문직 커리어 우먼으로서 자녀를 키운 워킹맘이다. 다양한 염문도 있고, 연하남과 동거한 적도 있고, 미혼모 경력도 있다. 그럼에도 이들은 우아하고 부드러우면서도 독특한 자기만의 분위기를 연출한다.

그와 동시에 이들은 자기 분야에서 최고의 전문성을 자랑한다. 누구나 이러한 프로 정신을 신뢰하고 그렇기 때문에 그들을 응원하고 좋아한다.

기자 출신인 샤잘은 방송국 보도국장을 거쳐 거의 25년간 메인 뉴스 앵커 자리를 지켰다. 샤잘이 마지막 방송을 한 2015년 9월 18일에는 1000만 명의 시청자가 뉴스를 시청했다는 기록이 있을 정도다. 그뿐만 아니라 그는 이른바 사회적 '앙가주망'의 선두 주자이기도 하다. 아울러 5명의 여성 기자와 함께 소녀들의 교육을 지원하는 유니세프 인권 운동을 벌이고 있다.

그러면서도 자기보다 열아홉 살이나 어린 남자와 8년을 함께했다. 자기 관리에 철저한 성품 덕분에 그는 나이가 들어서도 우아함을 잃지 않고 있다. TV 방송에서 사회를 볼 때의 옷차림이나 외모는 심플하고도 여유롭다. 다소 헐렁해 보이는 흰색 와이셔츠에 검은색 바지를 즐겨 입고, 단발 길이의 머리는 그냥 자연스럽게 쓸어 넘긴 듯하다. 짙은 화장기는 찾아보기 어렵다. 액세서리를 하는 경우도 거의 없다. 꾸밈없는 그 모든 것이 그의 인성과 어우러져 최고의 우아함으로 탄생한다.

'뼛속까지 배우'라고 알려진 위페르는 지금도 프랑스 배우 중 가장 영화 출연을 많이 하는 활동파다. 프랑스뿐 아니라 미국, 오스트리아를 비롯한 다양한 국적의 감독들과 작품을 만든다. 길고 가녀린 실루엣과 대조적으로 출연하는 작품 속에서 한결같이 개성 넘치는 연기를 펼친다. 주근깨가 드러난 피부, 목주름이 다 보여도 자신 있게 드러내는 어깨, 인위적이지 않은 헤어스타일, 언제나 똑 부러지는 자기주장……. 이 모든 게 그를 프랑스 여자들이 가장 좋아하는 배우로 만든다.

여성성과 전문 직업인으로서 철저함, 그리고 이 두 가지가 적절히 어우러지도록 하는 자기 관리. 이것이 두 사람을 엄마이기 이전에 여자이게 하고 또 여자로서 강점을 돋보이게 해준다.

프랑스 여자들이 늙지 않는 것은 나이 먹는 자연스러운 현상을 있는 그대로 받아들이기 때문이다. 그들은 주름을 없애거나 푹 파인 볼을 통통하게 만드는 성형 시술을 해야 한다고 생각하지 않는다. 하지만 그들은 뱃살이 나오지 않도록 조심하고, 맵시를 좋게 하려 애쓰고, 각자의 개성이 담긴 패션 감각으로 꾸미는 데 많은 노력을 기울인다.

프랑스 여자는 누구도 '애 엄마인데 뭐 대충 입어도 괜찮지'라는 생각을 갖지 않는다. 만삭의 엄마도 결코 패션을 포기하지 않는다. 하물며 70~80세를 넘긴 할머니들도 평생 가꿔온 자신의 개성을 드러내는 걸 주저하지 않는다.

그들은 모두 각자의 개성을 존중하고, 엄마라는 핑계로 여성임을 포기하는 것을 결코 용납하지 못한다. 이 세상 모든 엄마는 엄마이기 이전에 여자이기 때문이다.

프랑스 여성들의 철저한 자기 관리:
사회적 관습도 한몫한다

프랑스에서 사는 동안 업무적으로든 개인적으로든 프랑스 남자와 결혼한 한국 여성을 종종 만나곤 했다. 프랑스의 보편적 문화에 따라 이 한국 여성들 거의 대부분은 워킹맘이다.

프랑스에서 자영업자로서든 직장인으로서든 사회생활을 하는 게 쉽지 않을 테지만, 내가 만난 한국 여성 중 프랑스에서의 사회생활이나 프랑스인 남편과의 결혼 생활에 불만을 이야기하는 사람은 거의 없었다. 오히려 종종 닭살 돋는 이야기를 듣는 편이었다.

"어제는 며칠 출장을 갔다가 집에 돌아왔는데, 글쎄 말이죠, 우리 그이가 현관에서 욕실까지 향초를 좌~악 켜놓고 욕조에는 물을 받아 장미 꽃잎을 한가득 띄워놓았지 뭐예요. 내가 좋아하는 쇼팽 음악도 틀어놓고 말이에요. 내 남편 정말 미뇽[27] 아니에요? 너무 귀엽죠?"

듣고 있다 보면 '누구 염장을 지르나?' 하며 입이 쑤욱 나올 정도로 먼 나라 이야기를 늘어놓는다.

---

27 mignon; '귀엽다'는 의미의 프랑스어

"우리 그이는 나랑 같이 파티에 갈 때마다 옷이랑 구두랑 손수 다 골라줘요. 정성이 갸륵하니 대부분은 그이가 골라주는 대로 하죠."

대부분의 한국 남자는 자기 옷이 뭐가 있는지도 모르는데, 아내 옷을 골라준다니 실로 상상하기 어려운 일이다.

2005년 즈음 반기문 전 유엔 사무총장이 외교부 장관이던 시절, 장관 공관이 있는 한남동 한정식집에서 반 장관 내외분과 함께 일요일 점심 식사를 한 적이 있다.

반 장관은 자신의 개인 승용차를 손수 운전해 식당에 도착했다. 식사를 마치고 주차장으로 나가 작별 인사를 하며 두 분이 떠나길 기다리고 있는데, 반 장관이 조수석으로 먼저 가서 차 문을 열어 부인을 자리에 태운 다음 차를 몰고 떠났다. 서양 영화에서나 볼 수 있는 광경이었다.

내가 이 장면을 외교부 동료들에게 이야기했더니 반응이 한결 같았다.

그들은 모두 통사정하듯 말했다.

"혹시라도 제 와이프 듣는 데서는 절대 이 이야길 하시면 안 됩니다! 자기도 그렇게 해달라고 하면 진짜 골치 아파집니다!"

프랑스 남자들이 여자랑 같이 있을 때 나 몰라라 하고 자기 먼저 운전석에 타는 법은 결코 없다. 어려서부터 보고 배우고 잘 훈련받은 매너 덕분이다.

하지만 모든 삶이 다 '장밋빛 인생'일 수는 없는 법. 이들에게도 고민은 있다. 프랑스 남성과 결혼해 사는 한국 여성들이 이구동성으로 하는 말이 있다. 로맨틱하고 다정다감하고 늘 챙겨주며 함께해주는 프랑스 남성의 특성이 너무나 매력적인 것은 사실이지만, 한편으로는 항상 불안감이 따라다닌다는 것이다.

그리도 다정하게 잘해주던 남편이 어느 날 갑자기 단 한마디 말을 던지는 순간, 모든 것이 끝나버리기 때문이란다.

"난 더 이상 널 사랑하지 않아!"

이 한마디면 바로 이혼을 해야 한다. 여기엔 그 어떤 변명도 필요치 않다. 사랑해서 결혼하게 된 부부가 갈라서는 데 더 이상 사랑하지 않는다는 말보다 더 정당한 사유는 없기 때문이다.

서로 사랑하지 않아도, 열정은 고사하고 애틋한 마음조차 없어도, 아니심지어 상대가 잘못을 하거나 정나미가 뚝 떨어져 도저히 못살 지경이 되어도 자식, 살아온 정, 주변 시선 혹은 부모님, 경제적 여건 등 숱한 이유 때문에 어쩔 수 없이 결혼 생활을 계속하는 우리네 부부 관계와 견줘보면 참으로이해하기 어려운 마인드다.

하지만 이런 데는 나름 긍정적 요소도 있다. 이처럼 개인주의적이고 자기감정에 충실한 사고방식으로 인해 어쩔 수 없는 긴장 관계가 조성되기 때문이다.

그리고 이런 묘한 불안감이 만드는 긴장 관계가 여성들을 더욱 자기 관리에 철저하도록 만든다는 분석도 있다. 이는 남성들도 마찬가지다.

부부 관계 역시 남녀 관계에 기초한 것이라는 지극히 당연한 공식을 결혼 생활 동안 망각하고, 그런 망각 자체를 자연스럽게 받아들이는 우리 문화와는 판이하게 다른 사회 관습이다.

우리나라 사람들이 흔히 부부 생활에도 자극이 필요하다던가, 속된 말로 '퍼지지' 않기 위해 애써야 한다던가 하는 얘길 푸념처럼 내뱉는 것도 한편으로는 이런 프랑스식 사고방식에 공감하는 부분이 있음을 말해주는 것일지 모른다.

또 다른 한 가지 중요한 차이점은 부부가 완전히 따로 놀고 각자 모임에 참석하는 우리네 사회적 관습은 프랑스에서 찾아보기 어렵다는 것이다. 프랑스에서는 직장을 마치고 업무로 인해 비즈니스 디너를 하더라도 파트너와 함께 참석하는 것을 당연시한다.

우리 사회에서처럼 주로 남자들끼리 어울려 접대부가 있는 술집에 가는 문화는 일상생활에서 찾아보기 어렵다.

그렇게 부부 동반으로 모임을 갖다 보니 서로 자기 파트너의 외모나 대화 수준 등이 여러 사람의 평가를 받는 상황에 처할 수밖에 없고, 이것이 서로에게 그야말로 큰 자극을 준다. 자기 파트너가 다른 사람에 비해 여러모로 좀 격이 떨어진다는 느낌이 부부 관계에 결정적 영향을 미치는 건 당연하기 때문이다.

세상에 그냥 되는 것은 없다. 자기 관리, 자아 성찰, 자존감, 자아 개발…… 이 모든 것은 스스로의 노력을 통해서만 유지할 수 있다. 남편이 벌어다주는 돈으로 살림하고 아이 낳고 식구들 뒷바라지하면서 힘든 가사 노동과 육아를 짊어진 가정주부의 정당성만 외쳐서는 결코 사회인으로서 자신의 위상을 보장받지 못한다.

이 진리를 일찌감치 터득한 프랑스 여자들은 엄마가 되고 할머니가 되어서도 이를 지키려 애쓴다. 이것이 그들의 강력한 힘이다.

프랑스의 국가 브랜드를 높인
셀럽 워킹맘

예술의 나라 프랑스, 패션의 나라 프랑스. 프랑스라는 국가 브랜드를 만들어내는 데 결정적 역할을 한 수많은 여성들이 있었다. 하지만 그중에서도 명실상부 세계 패션 역사에 독보적 획을 그은 여성들, 특히 셀럽 워킹맘에 대해 이야기해보고자 한다.

다른 분야도 많으련만 왜 유독 패션에 대한 주제를 다루는지 궁금할 수도 있겠지만, 패션이야말로 프랑스를 대표하는 그리고 프랑스를 빼고는 말할 수 없는 명실상부한 트레이드마크이기 때문이다. 또 패션은 창의성과 예술성, 기술, 홍보, 경영, 마케팅, 인력 양성의 모든 분야가 종합적으로 발전하고 조화를 이루지 않은 상태에서는 결코 두각을 나타낼 수 없는 분야이기 때문이다.

프랑스의 '패션 디자이너' 하면 당연히 샤넬을 떠올린다. 그만큼 현대 패션 역사를 대표하는 브랜드임은 엄연한 사실이다. 전 세계 여성의 로망이자 우아함의 대명사인 샤넬에 대해서는 굳이 토를 달지 않아도 그의 일대기를 그린 영화나 드라마로 이미 잘 알려져 있다.

가브리엘 샤넬(Gabrielle Chanel, 1883~1971)은 여성을 코르셋의 속박으로부터 해방시킨 쾌거를 이룩함으로써 패션 역사의 큰 획을 그은 선구자였다.

"나의 부티크가 곧 나의 아이"라고 표현할 만큼 열정적인 여성이었지만, 정작 그는 아이를 가져본 적이 없다. 그렇기 때문에 어쩌면 한 아이를 키워내는 것이 샤넬 부티크를 운영하는 일보다 훨씬 더 복잡하고 어렵다는 사실은 몰랐던 듯싶다.

자신의 부티크에 전 세계인이 열광하게 만든 것은 참으로 위대한 일이지만, 배 속에 10개월을 담고 있다가 목숨 걸고 낳아서 산전수전 다 겪으며 20년을 한결같이 길러 한 명의 사회인으로 키워내는 것은 오로지 엄마들만이 해낼 수 있는 과업이다. 그렇기 때문에 이 일은 실제 해보지 않은 사람이 빗대어 언급할 수 있는 사업 프로젝트가 아니다.

그런 의미에서 여기서는 아이로 인해 그리고 아이 덕분에 자기만의 독창적 부티크를 운영할 수 있었던 셀럽 엄마들의 삶을 들여다볼까 한다.

잔 랑방(Jeanne Lanvin, 1867~1946)은 프랑스 패션 중에서도 로맨틱하고 세련된 파리지앵 패션으로 독보적 존재다. 샤넬과 마찬가지로 모자 디자인으로 시작했지만, 결정적으로 다른 점은 엄마라는 모티브가 패션 디자이너로 성공하는 계기로 작용했다는 사실이다.

랑방은 어린 딸 마르그리트의 옷을 직접 만들어 입히면서 패션 디자이너로 두각을 나타내기 시작했다. 랑방 브랜드의 로고는 엄마가 아이의 손을 잡고 있는 평화로운 모습이다. 랑방의 엠블럼 향수인 '아르페쥬'도 딸의 30세 생일을 기념해 제작한 것이다. 그뿐만 아니라 랑방은 딸의 웨딩드레스도 직접 디자인했다. 딸을 향한 모성애가 디자이너 랑방의 영감을 불러일으키는 원천이고, 랑방 브랜드의 성공 요인이었던 셈이다.

랑방은 여성 패션으로 시작해 남성 패션에까지 이런 세련된 모성애를 반영했다. 랑방은 오늘날에도 여전히 브랜드 창시자의 따뜻한 마음이 묻어나는 명품으로 각광받고 있다.

좀 더 현대의 인물 중 파리지앵 패션의 또 다른 거목은 소니아 리키엘(Sonia Rykiel, 1930~2016)이다. 리키엘은 자신이 딸 나탈리를 임신했을 때 편하면서도 패셔너블한 임부복을 살 수 없어 직접 뜨개질을 해서 입었는데, 이 뜨개 옷을 사람들이 좋아하는 것을 보고 패션 디자이너로 데뷔해 '니트웨어의 여왕'이라는 칭호를 얻었다.

두 아이의 엄마인 리키엘은 40세 때 늦깎이로 패션계에 뛰어들었다. 활동적이면서도 우아하고, 파격적이면서도 독특하고, 편하면서도 화려한 니트 패션으로 현대의 코코 샤넬이라는 별칭를 얻었다. 생전에 10여 권이 넘는 책을 집필할 정도로 왕성하게 활동한 리키엘은 파킨슨병으로 안타깝게 세상을 떠났지만, 두 딸이 엄마의 정신을 계승하고 있다.

"내가 니트를 사랑하는 이유는 그것이 마법과도 같은 매력을 지니고 있기 때문이다. 우리는 실 한 올을 가지고도 너무나 많은 것을 할 수 있다."

매일 반복되는 그렇고 그런 일상생활 속에 자칫 안주하기 쉬운 우리 모두에게 참으로 자극을 주는 명언이 아닐 수 없다.

하지만 무엇보다 리키엘이 만들어낸 자유롭고 세련된 스타일은 엄마로서 모성애와 열정에 그 근원이 있다.

"나는 여자다. 여자로 생각하고 여자로 디자인한다. 내가 만드는 패션은 열정과 욕망을 가진 한 여자로서의 발명이다."

리키엘은 여성으로, 엄마로, 디자이너로 그리고 작가로 평생 동안 샘솟는 열정을 빚어냈다.

마냥 화려하기만 할 것 같고 가까이 하기엔 너무 먼 듯한 거장 패션 디자이너들의 영감과 일을 향한 그들의 열정은 이처럼 모성애에서 비롯되어 예술로 승화할 수 있었다.

4-5

프랑스의 페미니즘:
2명의 여권운동가 '시몬'

우리가 일반적으로 생각하는 것과 사뭇 다르게 프랑스는 희한하게도 다른 유럽 선진국에 비해 페미니즘 운동이 뒤늦게 시작된 데다 유력한 사회 현상으로 완전히 자리 잡지 못한 나라에 속한다.

인류 역사상 가장 위대한 시민혁명으로 꼽히는 1789년 프랑스 대혁명 당시 베르사유 궁전으로 밀고 들어가 왕정을 무너뜨리는 데 지대한 공헌을 한 당시 여성들의 용맹함은 프랑스 국가를 상징하는 '마리안(Marianne)'이라는 가상의 엠블럼을 탄생시켰을지언정 실제로 페미니즘을 구현하는 데는 성공하지 못했다.

안타깝게도 프랑스 대혁명 당시 "법 앞에 만인이 평등하다"고 천명한 '인권선언'에서 '만인'은 남성만을 의미했다. 여성은 논의의 대상조차 되지 못했다. 프랑스 여성 운동의 선구자 구즈[28]는 "여성이 단두대에 오를 권리가 있다면 의정 단상에도 오를 권리도 있다"고 주장했지만 메아리 없는 외침에 불과했다.

프랑스 여성들은 중세 시대부터 이미 교육받을 권리를 공론화하려 했지만 여성의 이 모든 권리를 법으로 보장받기까지는 엄청난 세월이 흘러야 했다.

남성 투표권을 1848년 시행한 데 비해 여성은 그로부터 100여 년이 지난 1944년에서야 비로소 투표권을 얻고 1945년에 처음 이 권리를 행사했다. 요컨대 제2차 세계대전 이후에야 참정권을 획득한 셈이다. 이후 1968년 5월 학생혁명이 일어나면서 비로소 여권 신장과 남녀평등에 관한 논쟁이 본격화하기 시작했다.

2018년에는 프랑스 학생혁명 50주년을 기념해 다양한 분야에서의 사회적 변혁을 재조명하는 TV 특별 프로그램을 많이 방영했다. 그중에서도 특히 여권 신장에 대한 각계의 노력을 중점적으로 보도했다. 주로 프랑스 여성들이 자신의 주장을 사회 시스템 전반에 반영하고, 여성의 권리를 보장받기 위해 끈질기게 싸워왔음을 보여주는 프로그램이었다.

이러한 프랑스의 여권 신장 과정에서 결정적 역할을 한 2명의 여성이 있다. 한 명은 철학자이자 작가인 시몬 드 보부아르(Simone de Beauvoir, 1908~1986)이고, 다른 한 명은 정치가인 시몬 베이(Simone Veil, 1927~2017)다. 공교롭게도 두 사람 모두 이름이 '시몬'이다.

시몬 드 보부아르는 20세기 최고의 지성이라 불리는 실존주의 사상가

---

28 Olympe de Gouges(본명은 Marie Gouze): 프랑스 대혁명 발발 직후인 1791년 '여성인권선언문' 옥 박표해 시미귀 밑 참정궈에서 남녀평등을 최초로 주장하다 1793년 처형당했다.

사르트르의 클래스메이트이자 평생 동반자로 잘 알려져 있다. 그의 저서 《제2의 성》은 페미니즘 운동의 교과서로 불린다.

그는 "여자는 태어나는 것이 아니라 만들어지는 것"이며, 주어진 현실 속에서 인간은 자신의 자유가 현실을 지배할 수 있도록 노력해야 한다고 역설했다. 요컨대 '여자'라는 '성'은 사회가 요구하고 부여하는 '여성성'에 의해 후천적으로 만들어진다는 것이다. 그는 사르트르라는 당대 최고의 철학자와 평생을 함께하면서도 그의 그늘에 있지 않고 확실한 자기 철학과 학문적 업적을 통해 지식인으로서 큰 획을 그었다.

생전에 TV 대담 프로그램에 출연하거나 인터뷰를 할 때 보부아르의 인상은 도도하고 신념에 가득 차 있었다. 여성의 권리에 관한 한 한 치의 양보도 있을 수 없다는 열정이 느껴졌다. 속사포처럼 빠른 언변과 똑 떨어지는 주장에서 그의 학문적 깊이와 소신이 그대로 묻어났다.

이러한 페미니즘 철학을 실제 공공 행정과 정치에서 구체적으로 실현한 인물이 시몬 베이다. 그는 보건부 장관이던 1975년 최초로 낙태법을 통과시켰다. 그래서 지금도 이 법을 '베이법(loi Veil)'이라고 부른다. 1967년 피임을 합법화한 데 이어 여성 스스로 출산을 결정하는 권리를 갖게 된 것이다. 홀로코스트 생존자로서 프랑스 정계에 여성이 극히 드물던 시절, 여권 신장을 위해 평생을 애쓴 그는 유럽의회 최초로 여성 의장을 지내기도 했다.

시몬 베이는 "누군가를 사랑한다는 것은 바로 나의 존재만큼 그 사람의 존재를 인정하는 것"이라는 말로 남녀평등을 주장했다. 일관된 확신과 추진력으로 남성 일색의 정치계에서 자신의 존재를 확실히 하며 여권 신장의 선봉을 자처했다.

시몬 드 보부아르와 시몬 베이. 이 두 여성이야말로 프랑스 엄마들이 오늘날 '프렌치 시크'라고 부르는 당당하고 거리낌 없는 애티튜드를 지닐 수 있도록 해준 은인이다.

하지만 이들의 끈질긴 노력에도 불구하고, 프랑스에는 전통적으로 '여성 비하', 이른바 미조지니(misogynie)[29]라는 문화가 깊이 뿌리박혀 있다. 거의 대부분의 여성이 경제 활동을 하고 있는 데다 전업주부라는 개념 자체가 매우 흐릿한 프랑스에서 21세기인 지금도 여전히 여성 비하 문화가 잔존한다는 것은 아이러니가 아닐 수 없다.

프랑스 역대 대통령마다 선거 공약으로 남녀 동수의 각료 임용을 내세우고 정당마다 평등한 여성 후보 공천을 약속하지만, 실제로 이루어진 경우는 거의 없다. 2017년 당선된 최연소 대통령 마크롱은 사상 최초로 내각을 완전히 남녀 50 대 50 비율로 채워 각광을 받았다.

하지만 프랑스 정계에서는 여전히 여성의 약진이 두드러진다고 보기 어렵다. 유럽의 다른 국가에서 여성 대통령, 여성 총리가 자연스럽게 나오는 데 비해 프랑스에서는 그런 일이 전혀 없다. 대통령이 임명하는 총리도 단한 차례, 1991년 미테랑 정부의 에디트 크레송(Edith Cresson) 총리가 유일하다.

대통령 후보도 극히 드물다. 극우파 '국민전선'의 총재 마린 르 펜(Marine Le Pen)은 자신의 아버지가 창당한 정당을 물려받고 유럽에 몰아닥친 극우

---

29 영어로는 'misogyny'라고 하며 '여성 혐오', '여성 멸시' 등 반여성적 편견을 뜻한다. 여성 혐오 문화는 종교나 신화, 문학 작품 등에 뿌리박혀 있으며, 아리스토텔레스 같은 고대 철학자들도 여성 멸시 발언을 서슴지 않았다.

분위기에 힘입어 대선 후보로 한때 세몰이를 한 적이 있지만 전통적인 의미에서 정당 후보는 아니었다.

제대로 된 대선 후보는 2007년 사르코지 대통령과 맞붙었던 사회당의 세골렌 르와얄(Ségolène Royale)이 유일하다. 당시에도 프랑스 언론은 수시로 르와얄 후보의 옷차림을 흉보며 가십거리로 삼았다.

르와얄 후보는 "아무도 사르코지 후보의 옷차림에 대해 왈가왈부하지 않는데, 내가 여자라는 이유로 이런 지적을 하는 것은 올바르지 않다"고 맞받아쳤다.

이유야 어떻든 르와얄 후보는 대선에 실패했고, 여전히 프랑스에서는 여성 정상이 탄생하지 않고 있다. 그런 일은 앞으로도 한동안 묘연해 보인다.

4-6
역사가 된
프랑스 여성들

파리를 방문하는 사람이라면 누구나 프랑스에서 가장 유서 깊은 대학교인 소르본을 보고 싶어 한다. 센 강변에서 서점과 학용품 매장이 늘어서 있는 생미셸 플라자를 거쳐 뤽상부르 공원 방향으로 올라가다 보면 인문계와 자연계의 거장 위고와 파스퇴르의 동상이 있는 소르본 대학 건물을 만나고,

거기서 조금 더 올라가면 거대한 돔이 있는 팡테옹 사원이 나온다.

팡테옹은 국가를 빛낸 위대한 인물들을 기리는 곳으로, 프랑스의 위대한 정치가·문학가·사상가·과학자들을 모신 일종의 영웅 국립묘지라고 할 수 있다. 1851년에는 물리학자 푸코가 '지구의 자전'을 증명하기 위해 천장에 67미터의 추를 달아 저 유명한 '추의 실험'을 한 장소이기도 하다.

팡테옹은 처음에는 프랑스 대혁명 당시 영웅들의 유해를 안치했는데, 이후 프랑스를 빛낸 위인들을 모시는 장소로 정착되었다. 예를 들면 볼테르, 루소, 뒤마, 에밀 졸라, 빅토르 위고, 앙드레 말로, 장 모네 등의 정치가와 사상가, 문인들의 유해가 이곳 지하에 있다.

팡테옹 정면에는 "조국이 감사하는 영웅들을 기린다"는 문구가 새겨져 있다. 영웅의 안장 여부는 총리와 문화부장관의 제언을 대통령이 검토하여 최종 확정한 뒤, 대통령령을 통해 공표한다. 예전에는 상당히 복잡한 결정 과정을 거쳤으나 최근 들어 간소화되었다. 아울러 안장식은 대통령이 최고의 예우를 다해 직접 주관한다. 대통령으로서는 재임 기간 중에 영웅의 팡테옹 안장식을 거행하는 것이 큰 영광이다.

2017년까지만 해도 이곳에는 72명의 남성과 4명의 여성이 안장되어 있었는데, 2018년 7월 1일 시몬 베이의 안장식이 거행됨으로써 여성의 수가 5명으로 늘어났다.

이 장엄한 팡테옹에 자신의 업적을 국가적으로 인정받아 안장된 최초의 여성은 1934년에 사망한 물리학자 마리 퀴리다. 1907년 화학자 마르슬랭 베르틀로의 아내 소피 베르틀로가 안장되긴 했지만, 이 경우는 불과 몇 시간 간격으로 타계한 베르틀로 부부의 각별한 유언 때문에 그리 된 것이다. 두 사람의 유해를 절대 분리시키지 말고 함께 묻어달라는 간절한 사연을 받아들인 것이다. 따라서 실제로 자신의 위대한 업적 때문에 안장된 최초의 여성은 마리 퀴리라고 할 수 있다.

이후 팡테옹에는 레지스탕스 여성 운동가 2명이 더 안장되었고, 2018년에는 마지막으로 시몬 베이가 묻혔다. 여기서 특기할 점은 최초의 여성 안장자가 남편의 공로 덕분에 동반한 것인 반면, 시몬 베이의 경우는 남편 앙투안 베이가 아내의 공로 덕분에 동반 안장되었다는 것이다. 이런 한 가지 측면에서만 보아도 시몬 베이라는 위대한 여성의 업적은 충분히 기리고도 남는다고 할 수 있다.

이처럼 프랑스에서 여성이 지위와 업적을 인정받은 것이 얼마나 최근의 일이며, 또 남성 위주의 사회에서 여성이 두각을 나타내는 것이 결코 쉽지 않았다는 사실을 알 수 있다.

하지만 프랑스 여성들은 여자이기 이전에 사회인이며 엄마이기 이전에 국가의 구성원으로서 악착같이 자기 역할을 다한다. 아울러 여성 자체로서 인정받기 위해 안간힘을 쓴다. 역사를 쓰고 역사와 함께 기억되는 인간으로서 남성과 동등한 권리가 있다는 신념에 한 치의 양보도 없다. 그래서 그들은 늘 투쟁적이고 보편적 가치에 민감하다. 싸우지 않으면 얻어낼 수 없다는 진리를 온몸으로 직접 터득하며 평등을 쟁취해나가고 있기 때문이다.

5부

한국 외교관 엄마의
프랑스 육아 경험

●

"부모가 정해준 원칙과 공공 에티켓을 아이가 인지하고 받아들일 때까지 잠시만 마음을 굳게 먹고 참으면 되는데, 그걸 못해 매번 도로아미타불을 만들고 있잖아. 나도 그저 오냐오냐하는, 사람 좋은 아빠가 되고 싶다고. 누군 악역을 맡는 게 좋은 줄 아나."

나는 아이 훈육에 있어서만큼은 무조건 애 아빠의 방식을 따르기로 했다. 몇 번의 고비가 있었지만 결국 아이는 엄격한 훈육에 길들여졌고, 이 훈육의 원칙을 깨우쳤다. 해도 되는 것과 해서는 안 되는 것 등 무엇이든 제 마음대로 할 수만은 없다는 사실을 알게 된 것이다.

The Power of
French Mother

나는 2001년 2월 주프랑스 대사관에 부임하면서 예전 20대의 유학생으로서 내 멋대로 파리 생활을 하던 때와 판이하게 다른 워킹맘의 일상을 시작했다. 외교관 신분에 세 살배기 어린애까지 딸렸으니 자유롭던 학창 시절과는 여러모로 차원이 다른 삶을 살게 된 것이다.

서울에 있을 때는 출근길에 아이를 친정 부모님 댁에 맡겼다가 저녁에 데려오곤 했기 때문에 사실 육아와 관련해 큰 혜택을 누렸다. 야근이 있거나 출장을 가더라도 아이를 그냥 부모님 댁에 놔두면 그만이었다. 물론 아침저녁으로 아이를 카시트에 태우고 왔다 갔다 하는 게 힘들다면 힘들었지만, 나보다 훨씬 더 정성껏 아이를 돌봐주는 부모님이 계시다는 것은 어마어마한 축복이었다.

게다가 친정 부모님뿐 아니라 친정 동생들까지 모두 육아에 도움을 줘 아이는 귀여움을 독차지했다.

주말에 아이를 집에서 데리고 있다가 월요일 아침 부모님 댁으로 데려가면, 마치 몇 달은 못 본 것처럼 온 식구가 박수를 치며 서로 아이를 받아 안으려 했다. 친정아버지께서는 종종 대문 앞 골목까지 나와 우리, 아니 손녀를 기다리곤 하셨다.

"와~ 세린이 왔네." "세린아, 엄마랑 잘 있었어?" "엄마가 맛있는 거 해줬어?" "엄마가 구박 안 했어?" 다들 내가 무슨 팥쥐 엄마라도 되는 양 한마디씩 했다.

그러고는 아이가 왜 이렇게 기운이 없어 보이냐는 등, 이틀 사이에 볼살이 쏙 빠졌다는 등, 이마에 미열이 있다는 등 내가 주말 동안 아이를 제대로 돌보지 못했다는 듯 은근히, 아니 대놓고 타박하곤 했다. 이렇게 아이는 공동 육아의 행복한 분위기를 완전히 독점하며 컸다.

그런데 이 모든 것이 내가 해외 근무를 시작하면서 하루아침에 바뀌어버렸다. 너무 극단적인 변화였다. 육아에 대한 책임을 전적으로 떠맡게 된 것이다. 물론 아이의 공주 인생도 막을 내렸다.

아이는 난생처음 보는 프랑스 사람들 틈에서 자기 인생을 알아서 살아가야 했고, 나는 나대로 일에 파묻혀 하루하루를 보냈다. 유치원에 혼자 남겨진 채 어리둥절을 넘어 불안감에 떨고 있을 아이 생각을 떨치지 못하면서 말이다. 이렇게 정신적으로, 육체적으로 힘겨운 날들이 이어졌다.

달리 어찌할 방도가 없다 보니 아이에 대한 걱정보다 나 자신을 안심시키기 위해 스스로에게 최면을 거는 게 급선무였다.

'잘하고 있을 거야. 아이들은 금방 적응한다니까, 괜찮을 거야. 또래 아이들과 지내는 걸 재미있어할 거야. 어차피 아이도 자기 생활을 하며 살아야 하는 거잖아.'

나는 매일 아침 딸아이 손을 잡고 집 앞에 있는 유치원으로 갔다. 정해진 등교 시간이 지나면 유치원 문을 닫아버리기 때문에 시간을 철저하게 지켜야 한다. 첫 번째 프랑스 근무 때는 파리 시내가 아닌 퓌토라는 외곽 도시에서 살았는데, 라데팡스[30] 근처 센 강가에 현대식 고층 아파트가 죽 늘어서 있는 동네였다. 타원형으로 특이하게 지은 30층짜리 건물 18층이 우리 집이었다.

프랑스에서는 보기 드문 초고속 엘리베이터가 있는 고층 아파트라 편리한 점도 많았지만, 어느 날 아침 문제가 발생했다. 정전 때문에 엘리베이터가 서버린 것이다. 아침마다 입을 옷을 골라대며 늦장을 부리는 딸아이 때문에 그날도 겨우 유치원 등교 시간을 맞출까 말까 했는데, 엘리베이터마저 서버렸으니 난감한 노릇이었다.

나는 세 살짜리 딸아이를 들쳐 업었다.

"세린아, 엄마 꽉 잡아!"

아이한테 이 한마디를 외치고는 무시무시한 속도로 계단을 내려갔다. 다행히 계단에는 사람이 없었다.

아이는 그 상황이 즐거운지 신난다고 비명을 질렀다.

"엄마 빠르지? 끝내준다, 그치? 엄마 목 꽉 잡아야 돼!"

나는 다시 한번 주지시키고는 그대로 쏜살같이 달려갔다. 1층에 도착해서는 업었던 아이를 내려 손을 잡고는 전속력으로 아파트 단지를 가로질렀다. 그리고 문이 막 닫히기 직전 '무사히' 유치원에 도착했다.

"엄마, 안녕! 오 르브와, 본 주르네!"

아이의 외침 소리를 뒤로하고 안도의 숨을 내쉬며 유치원을 나왔다. 18층

---

30 라데팡스는 파리 북서쪽에 위치한 신시가지다. 파리 시내는 건축 규제가 워낙 심하기 때문에 이곳에 젊고 도전적인 건축가들에게 마음껏 기량을 펼쳐볼 기회를 마련해주었다. 실험적인 갖가지 건축물과 고층 빌딩이 들어차 있어 뉴욕의 맨해튼 같은 느낌을 준다.

에서 질주하듯 달려 내려온 나를 대견해하면서. 비록 다리가 천근처럼 무겁고 후들거리긴 했지만 말이다. 그런데 교실로 들어가던 아이가 갑자기 뒤돌아서더니 엄마를 부르기 시작했다.

"마망, 마망!"

나는 놀라서 아이한테 다가갔다.

"왜? 왜 그래?"

"엄마, 루쥬 안 발랐어."

아이는 정확한 프랑스말로 내게 말했다.

나는 그제야 정신없이 출근 준비를 하느라 립스틱 바르는 걸 깜빡했다는 사실을 깨달았다.

"오케이, 메르시, 셀린! 금방 바를게!"

나는 애써 태연한 척하며 대답했다.

'뭐야, 이거. 화장은 분명 다 했는데. 립스틱을 까먹었네.'

나는 유치원 앞 한쪽 귀퉁이에 서서 손거울을 꺼냈다. 파운데이션까지 묻어 있는 입술이 유난히 허옇게 보였다. '그래도 18층에서 초고속 하강을 한 솜씨는 진짜 대단했어.' 나는 부랴부랴 립스틱을 꺼내 바르면서 스스로를 위로했다.

그리고 아무 일도 없었던 듯 태연하게 지하철을 타고 한쪽 귀퉁이에 기대어 선 채 휴식 아닌 휴식을 취했다. 지하철 안에는 나처럼 화장 코스 하나를 빼먹었는지 열심히 마스카라로 속눈썹을 끌어 올려대는 여자도 보이고, 나름 여유롭게 다리를 꼬고 앉아 책을 읽는 사람도 보였다. 이윽고 나도 그 대열에 합류해 핸드백에서 포켓북을 꺼내 읽기 시작했다. 언제 아이를 들처

업고 18층에서 단숨에 뛰어 내려왔나 싶을 정도로 천연덕스럽게 평온한 사람 흉내를 내면서 말이다.

파리에서 나의 좌충우돌 하루는 그렇게 시작되곤 했다.

5-2
육아에도 글로벌한 마인드가 필요하다

아이들도 판단 능력을 갖고 있다. 집 안에서도 약자와 강자를 분명히 구분할 줄 안다. 자기가 무엇을 잘못했는지도 잘 안다. 아이가 버릇없는 것은 전적으로 부모 책임이다. 잘못을 저지른 순간 아이한테 그 잘못을 깨닫게 해주지 않고 그냥 참아 넘긴 부모, 매 순간 상황 모면에만 급급한 부모 탓이다.

몇 번만 어려운 고비를 넘기면 온 가족이 평화로워진다. 괜히 아이 때문에 스트레스 받을 일도, 수시로 아이를 나무라거나 옆 사람한테 죄송하다며 고개를 숙일 일도 없어진다. 초반에 기선을 제압하고 일관된 태도를 취하는 것이 무엇보다 중요하다.

다만 아이라고 해서 어른 방식대로 윽박지르거나 강압적으로 대하는 것은 바람직하지 못하다. 아이들도 다 생각이 있다. 부모들은 바로 이 사실을 간과하고 매사 어른의 사고방식과 관점에서 아이들을 대하는 버릇이 있다.

2014년 즈음이었다. 출장을 마치고 아이들을 위해 공항에서 시계를 하나씩 샀다. 시곗줄을 두 번 둘러 감도록 되어 있는 스와치 시계였다. 큰애가 좋아하는 초록색과 작은애가 좋아하는 파란색을 골랐다. 집에 도착하니 작은애는 학교에서 돌아왔고, 큰애는 아직 귀가 전이었다. 성질 급한 나는 두 아이가 한자리에 모일 때까지 기다리지 못하고 작은애한테 먼저 시계를 내밀었다.

"짠, 선물! 예쁘지?"

"와, 엄마, 고마워요, 정말 맘에 들어요."

작은애는 무척 좋아했다. 그런데 예기치 못한 상황이 벌어졌다. 자기가 초록색을 갖겠다는 거였다.

"너는 파란색을 좋아하잖아. 그건 언니가 좋아하는 색이고."

"엄마, 아니에요. 제가 초록색을 얼마나 좋아하는데요. 제가 이거 가질래요."

아이는 초록색 시계를 꺼내 손목에 차려 했다.

'어차피 먼저 본 사람이 임자지 뭐, 어쩌겠어.'

나는 속으로 이렇게 생각하며 큰애가 돌아올 때까지 기다리지 못한 나의 인내심 부족을 자책했다. 하지만 큰애는 작은애가 고르고 남은 것, 그러니까 파란색 시계를 그다지 좋아하지 않을 것 같은 예감이 퍼뜩 밀려왔다.

나는 몇 초 동안 생각을 정리했다.

'이걸 어쩌지. 돌발 상황이군. 가위바위보를 시킬까. 그냥 작은 녀석 원하는 대로 줄까.'

그러고 나서 둘째한테 말을 걸었다.

"세아야, 있잖아, 너는 엄마처럼 파란색을 좋아하잖아. 엄마가 공항에서 이 시계를 살 때는 그냥 아무렇게나 고른 게 아니거든. 집에서 엄마를 기다릴 너희들 얼굴을 떠올리면서 세린이한테는 어떤 색이 어울릴까, 세아한테는 어떤 색이 좋을까, 이렇게 마음속으로 매치를 시켜보면서 고른 거야. 엄마가 마음속으로 이미지를 떠올려봤는데, 세아한테는 역시 시원한 파란색이 잘 어울리더라고. 그래서 파란 시계를 고른 거거든. 그러니까 엄마가 선물로 이걸 살 때는 파란 시계를 찬 세아, 초록 시계를 찬 세린이, 이렇게 머릿속으로 연상을 한 거야. 엄마의 마음까지 함께 받는다고 생각하면 어떨까."

둘째가 내 그럴싸한 설명에 설득당할지 어떨지는 두고 봐야 알 일이지만 아무튼 나는 이렇게 베팅을 했다. 선물을 놓고 자매한테 가위바위보로 고르라고 하는 것은 어쩐지 매력적이지 않다는 생각에서였다.

"아, 그렇구나. 알았어요, 엄마. 그러고 보니 파란색이 더 마음에 들어요."

아이의 쿨한 반응에 안도의 숨을 내쉬면서 속으로는 제법 그럴듯한 내 설득력에 만족했다.

이때 내가 깨달은 것은 바로 아이들에게도 충분한 인지 능력이 있다는 사실이었다. 아이들에게도 이해심이라는 게 있다. 그러므로 어른의 잣대가 아니라 아이들이 공감할 수 있도록 유도하는 현명함이 필요하다. 아이에게 엄격하다는 것은 바로 그러한 현명함을 갖추고 인내심과 평정을 유지하며 아이의 비위를 맞추는 데 급급하지 않는 지혜를 의미한다.

예쁘다고 오냐오냐해서는 결코 밖에서 예쁨을 받지 못한다. 내 아이가 다른 사람한테서도 그리고 또래 집단에서도 존중받고 사랑받길 원한다면 엄마들이 조금 더 혜안을 가져야 한다. 아이를 품 안에만 가두어둘 수는 없지 않은가. 아이가 사회의 일원으로 정정당당하게 성장하길 원한다면 좀 더 글로벌한 마인드가 필요하다.

5-3
엄마가 즐거워야
아이도 즐겁다

프랑스 엄마들이 자기 인생에서 가장 중요하게 여기는 것은 무엇일까. 우리나라 엄마들이 같은 질문을 받는다면 아마도 10명 중 9명은 '내 자식'이라고 대답하지 않을까. 하지만 프랑스 엄마들의 대답은 좀 다르다. 그들의 인생에서 가장 중요한 것은 두말할 나위 없이 '나 자신'이다.

무슨 엄마가 그렇게 이기적이냐고? 이런 질문은 바로 엄마는 이기적이어선 안 된다는 사회 강압적 편견에 근거한 것이다. 엄마란 언제나 가족을 위해 자기를 희생하는 것이 당연하고, 엄마는 배가 고파도 가족을 먹이는 것이 우선이고, 엄마는 아무거나 입어도 아이들은 제대로 차려 입혀야 하고, 엄마는 대충대충 살아도 아이들만큼은 잘살아야 한다는 편견 말이다.

이것이 우리네 엄마들의 자화상이고, 그런 엄마를 우리는 현모양처라고 추켜세웠다. 국민소득이 올라가고 경제가 발전하면서 엄마임에도 불구하고 자신을 가꾸고 멋을 챙기는 여자를 한때는 '미시족'이라고 불렀다. 지금은 나라 전체가 웰빙, 힐링 등의 이른바 '자기 자신'을 챙기는 문화에 휩쓸려 고전적 개념의 엄마 이미지는 더 이상 용납되지 않는다. 40~50대에도 멋진 몸매와 피부를 자랑하는 여배우를 앞세워 그렇지 못한 엄마들은 자기 관리에 소홀하고 무관심한, 그래서 시대에 뒤떨어진 사람 취급을 받는다. 물론 이 역시 또 다른 모습의 사회 강압적 편견이다.

프랑스 엄마들이 모두 다 소피 마르소나 쥴리에트 비노슈 같은 아름다운 외모의 중년을 보내는 것은 아니다. 여기서 우리가 눈여겨봐야 하는 것은 '외모'가 아니라 '내모'다. 스스로 자신을 느끼고 판단하는 내면의 모습 말이다.

내가 두 아이의 학부모로 파리에서 지낸 것은 2008부터 2011년까지 3년 반 동안이다. 2001년부터 2004년까지 첫 번째 근무 때는 큰애가 유치원생이고 둘째를 임신해 낳은 시기여서 파리 생활을 그다지 만끽하지 못했다.

두 아이와 함께 본격적인 파리 생활을 한 곳은 센강이 시내를 굽이쳐 흘러나가는 파리 서쪽, 자유의 여신상과 에펠탑이 가까이 있는 15구였다. 집 앞에는 센강과 접한 시트로앵 공원이 있고, 대사관과 아이들 학교도 지하철로 10분 거리에 있는 편리한 곳이었다.

파리에 사는 것은 큰 행운이다. 도시 전체가 오밀조밀해 그냥 시내를 돌아다니며 고색창연한 건물을 구경하는 것만으로도 눈이 즐겁다. 아울러 길거리마다 나와 있는 카페와 늘 그곳을 꽉 채우는 파리지앵들의 여유를 보는 것만으로도 굳어진 어깨가 풀어지는 듯한 간접 힐링 효과를 맛볼 수 있다.

파리 시내에는 개똥이 널려 있고 지저분해서 싫다는 사람도 많다. 하지만 인간이 기본적인 의식주와 교육, 행정, 사법, 의료 같은 사회적 기능, 문화적 욕구, 예술적 감각, 유희 본능, 휴식에 이르기까지 모든 것을 해결하도록 만들어놓은 '도시' 중 파리는 가장 성공한 케이스가 아닌가 싶다.

우리는 파리에 살면서 도시 생활을 만끽했다. 지하철로 어디든 갈 수 있는 파리에서는 자동차가 전혀 필요 없다. 좁은 도로에 차를 갖고 나가봐야 귀찮기만 하다. 오히려 아이들과 함께 지하철을 이용하거나 이따금씩 버스를 타고 돌아다니는 일은 나름 훌륭한 체험의 현장이 된다.

잘 짜인 도시의 시스템 속에 몸을 맡기고 어떤 구애도 받지 않은 채 내가 하고 싶은 대로 할 수 있다는 것은 어마어마한 행복이다. 나는 유학생 신분으로 혼자 뚝 떨어져 생활하던 때와 달리 두 아이의 엄마로 그 안에서 생활하며 도시의 이모저모를 대하는 태도 자체가 변했다. 완전히 다른 각도에서 도시를 바라보니 새로운 모습이 눈에 띄었다. 아울러 그 모든 다양한 환경을 나름 제대로 활용할 수 있었다.

내가 주말에 아이들을 데리고 많이 찾은 곳은 영화관이다. 아이들이 좋아하는 만화 영화는 물론이고 내가 특히 좋아하는 프랑스 영화를 주로 봤다. 볼 만한 영화가 나오면 아이들에게 인터넷 홈페이지를 검색해 상영 시간을 확인하라고 시킨다. 미국 영화를 볼 때면 아이들은 굳이 말하지 않아도 프랑스어로 더빙하지 않은 오리지널 버전인지 일일이 확인했다.

영화를 본 다음에는 아이들이 좋아하는 '폴 베이커리'에 들러 샌드위치와 초코빵, 사과파이 따위의 간식을 사 들고 공원으로 간다. 빵 부스러기를 던지면 비둘기들이 사방에서 모여든다. 파리의 비둘기는 사람들이 던져주는 모이를 많이 주워 먹어서 그런지 다들 통통하게 살이 쪘다. 우리는 비둘기 떼에 둘러싸인 벤치에 앉아 여유로운 오후를 즐긴다.

"야, 저 녀석들 다이어트 좀 해야겠는걸. 세아야, 너 지난번에 보던 만화책에 뚱뚱해진 백설 공주가 하는 다이어트 체조 있잖아. 저 비둘기들한테 그거 한 번 가르쳐주지그래?"

"하하, 엄마도 참. 다이어트해봤자 저렇게 많이 먹으면 금방 다시 살찔걸요. 그걸 요요 현상이라고 한대요. 그런데 엄마, 왜 아빠는 영화를 싫어하죠?"

"그러게 말이야. 사람마다 다 취미가 다르니까. 아빠는 TV도 안 보잖아. 운동만 좋아하고. 아빠가 같이 안 오니까 잔소리도 안 듣고 우리끼리 편하게 놀고 좋은데 뭘. 안 그래?"

"그래도 우리끼리 놀면 아빠 혼자 심심할지도 모르잖아요. 예전에는 엄마랑 아빠랑 같이 영화 봤다면서요."

"그게 말이지, 그때는 엄마가 아빠랑 결혼하기 전이었는데, 엄마가 한 달에 한 번씩 어떤 잡지에 영화 평론을 쓰고 있었거든. 그러니까 엄마는 영화를 좋아하기도 하지만, 그 일 때문에 영화를 많이 봐야 했어. 그래서 아빠가 엄마한테 잘 보이려고 엄마가 영화 볼 때 따라와서 같이 봐준 거야. 엄마는 주로 유럽 영화를 봤는데, 프랑스 영화나 이탈리아 영화는 좀 지루한 편이거든. 그렇지 않아도 영화 보는 걸 싫어하는데, 아빠가 그때 어떻게 참고 같이 봤는지 모르겠어. 아빠가 엄마랑 결혼하려고 무척 애를 쓴 거지 뭐, 하하하."

"그러네요. 아빠가 참 열심히 했네요. 훌륭한걸요. 지금은 저희들이랑 같이 영화 봐서 좋죠, 엄마?"

"그럼, 좋지. 만날 만화 영화만 봐서 그렇지, 아주 좋아."

"항상 만화 영화만 보는 건 아니잖아요. 오늘 본 〈꼬마 니콜라〉 정말 재미있지 않아요?"

"응, 아주 재미있어. 책하고 똑같아."

아이들은 엄마와 함께 본 서정적인 프랑스 영화들을 두고두고 떠올리곤 한다. 〈마르셀의 여름〉, 〈굿바이 칠드런〉, 〈코러스〉처럼 주로 아이들이 주인공으로 나오는 영화다.

〈코러스〉를 보며 눈물을 흘린 아이들은 주제곡 모음집까지 따로 구해 열심히 따라 부른다. 주옥같은 노래들이다. 아름다운 영상과 함께 오랫동안 기억에 남을 만하다.

아이들에게는 영화를 좋아하는 엄마가 '영화 관람' 계획을 세우고, 함께 극장에 가고, 보고 난 영화에 대해 함께 품평회를 하고, 도시 속 한적한 공간에서 샌드위치를 먹곤 했던 이 모든 장면이 인생의 행복한 한 시절로 남을 게 분명하다.

5-4
엄마를 배려할 줄
아는 아이들

내가 영화만큼이나 즐기는 취미 중 하나는 목욕이다. 욕조에 뜨거운 물을 받고 몸을 담그는 순간, 어지럽고 복잡한 하루 동안의 모든 게 물속에 녹아버리는 것 같다. 하지만 심심한 것을 참지 못하는 성미 탓에 욕조 안에 가만히 앉아 있는 적은 거의 없다. 목욕만큼이나 좋아하는 또 다른 취미 하나를 곁들여 나만의 여가 시간을 갖는다.

그건 바로 욕조 안에서 책을 읽는 것이다. 잡지나 신문을 보는 일도 종종 있다. 뭐든 읽을거리를 찾는 습관인 듯하다. 그냥 읽고 버릴 잡지 종류는 상관없지만 책을 볼 때는 여간 신경이 쓰이는 게 아니다. 수건으로 책 아랫부분을 감싸고 읽어도 손의 땀 때문에 노상 책이 젖는 것을 막을 수 없다. 그래서 내가 즐겨 읽는 추리소설은 대부분 책 아래가 약간 쭈글쭈글하다.

엄마가 욕조에 들어앉아 책 읽는 모습을 수없이 본 아이들에게 욕실은 '엄마가 가장 좋아하는 두 가지를 동시에 하는 곳'으로 인식되었다. 아울러 그럴 때의 엄마는 절대 방해해선 안 된다고 알고 있다. 물론 엄마가 등을 밀어달라고 부를 때까지는 말이다.

큰애는 등을 밀어줄 때마다 1유로 또는 1달러씩 받는 맛에 내 목욕 스케줄을 체크했고, 작은애는 나와 함께 잠깐씩 욕조에 들어앉아 이것저것 재잘거리거나 참견하다 나가는 재미에 역시 엄마의 목욕에 관심을 보였다.

미국에서 근무할 때 일이다. 집 근처 도서관에서 책을 잔뜩 빌려갖고 나오는 아이들을 차에 태우고 집으로 돌아왔다.

"오늘도 요리책 빌렸니?"

내가 작은애한테 물었다.

"네, 엄마. 이거 보세요! 프렌치 쿠킹이에요. 제가 이걸 안 빌릴 수 있겠어요?"

아이는 신나서 내게 책을 들어 보였다.

"프랑스말로 된 거야?"

"그건 아니고요. 미국 책인데, 메뉴가 프렌치예요. 프렌치토스트, 프렌치와플, 프렌치크레페, 크렘브륄레. 와 정말 맛있겠죠?"

미국에서도 아이들은 여전히 프랑스를 그리워하고 있었다.

"그러게. 언제 그걸 다 만들지?"

"보기만 해도 재미있어요!"

"엄마, 저는 이걸 빌려왔어요. 보세요!"

한참 둘째와 요리책 이야기를 하는데, 갑자기 첫째가 책 한 권을 내밀며 끼어들었다.

큰애 손에는 내가 좋아하는 메리 히긴스 클라크의 추리소설이 들려 있었다.

"엄마, 이거 작년에 나온 책이에요. 2013년요. 그러니까 엄마가 아직 못 읽은 게 확실한 거죠. 한번 보세요!"

"그래, 고마워. 도서관에서도 엄마 생각을 해주다니 딸들이 최고네!"

"엄마, 목욕할 때 읽으세요."

작은애가 칭찬을 더 듣고 싶었는지 과감하게 엄마의 취향을 염두에 둔 맞춤형 제안을 했다.

"그건 안 돼. 이건 도서관에서 빌려온 거잖아. 엄마가 목욕할 때 읽으면 책이 젖는단 말이야. 우리 책이면 상관없지만 도서관 책이니까 젖으면 안 돼."

언니다운 큰애의 지적이었다.

"욕조에서 읽지 않을 테니 걱정 마. 아무튼 고맙다, 얘들아."

사회 규범 준수를 절체절명의 원칙으로 여기는 큰애가 행여 정말로 내가 그 책을 욕조에 가지고 들어가면 어쩌나 걱정할까봐 나는 확실하게 아이를 안심시켰다.

엄마가 아이들이 좋아하고 맘에 드는 것만을 해주기 위해 억지로 혹은 짜증을 억누르며 데리고 다녀야 하는 일종의 곤혹스러운 노동의 하나로 무언가를 함께했다면 상황은 전혀 다를 것이다.

물론 아이들을 위해 반드시 봉사해야 하는 필수 코스는 피할 수 없다. 아무리 내 맘대로 하는 배짱 좋은 엄마라 해도 나라고 별수 있겠는가.

내가 정말 싫어하는 것 중 하나는 바로 놀이 기구다. 사람 많은 곳에 가는 것도 싫거니와 그 사람들 틈에 끼여 줄을 서서 좋아하지도 않고 무섭기 그지없는 기구에 실려 몸과 마음을 혹사시키는 것도 싫다.

파리에는 부모가 그다지 거부 반응을 일으키지 않으면서 아이들 욕구를 어느 정도 충족시킬 수 있는 어린이 공원이 있다. 파리 16구 불로뉴 숲과 맞닿아 있어 온통 나무로 울창한 곳에 만든 자그마한 규모의 공원이다. 하지만 동물 농장, 식물원, 공연장까지 제대로 갖췄다.[31] 날씨가 더우면 아이들은 분수 광장에서 속옷만 입은 채 물놀이를 한다. 정글 놀이도 하고, 포니도 타고, 인형극도 보고, 작은 기차도 탄다. 부모들도 크게 위화감을 느끼지 않고 산책하듯 다니면서 아이들의 놀이 욕구를 어느 정도 충족시킬 수 있다.

하지만 이 정도의 시설로는 다 큰 아이들의 욕구를 충족시키기에 역부족이다. 내게는 참으로 야속한 것이 파리에 디즈니랜드가 있다는 사실이다.

---

31 'Jardin d'Acclimatation'이라는 이름의 어린이 공원이다. 공원 안에는 서울과 파리의 자매결연을 기념해 우리 전통 양식으로 조성한 서울공원이 있고, 여기서 종종 한인회 주최 추석 행사나 한글학교 주최 어린이날 행사가 열린다.

아이들은 걸핏하면 디즈니랜드에 언제 가냐고 물었다. 이 세상 모든 아이들의 로망일 텐데 유독 우리 아이들만 그곳에 가지 못하도록 하는 것은 내가 생각해도 말이 안 됐다. 일부러 디즈니랜드에 가기 위해 파리로 여행 오는 유럽 사람도 많다. 하물며 그곳에 살면서 한 번도 안 데리고 간다는 것 자체가 나중에 아이들한테 책을 잡힐 우려가 컸다.

나는 아이들한테 이렇게 약속했다.

"우리가 파리를 떠나기 전에 꼭 한 번은 데리고 갈게."

아무리 미뤄봐야 약속한 시간은 반드시 오는 게 세상의 섭리다. 2011년 3월, 드디어 우리는 파리 디즈니랜드를 찾았다. 만 13세, 8세 두 아이에게는 꿈에 그리던 곳이다. 특히 열세 살이 되도록 제대로 된 놀이공원 한 번 데려가지 않은 부모를 둔 탓에 눈이 휘둥그레진 큰애는 지도를 들고 놀이 기구 탈 순서를 정하느라 분주했다.

이렇게 좋아하는 아이들을 지금껏 한 번도 데려오지 않은 이기적인 엄마인지라 미안한 마음이 들었다. 그래도 내 나름대로는 단 한 번이니까 하루를 온전히 희생해 아이들이 원하는 대로 놀도록 해주는 것이다. 만약 종종 이렇게 해야 한다면 결코 즐거운 분위기일 수 없을 터였다.

엄마가 매사 마지못해 억지로 동참하는 것은 온전한 가족의 삶이라고 할 수 없다.

어차피 행복은 함께 만들어나갈 때 의미 있는 것이다. 그래야 지속 가능하다. 함께하는 행복을 찾아보자. 엄마가 즐거워야 아이도 진정으로 즐겁고 행복할 수 있다.

프랑스의 법치주의 원칙:
유아라고 예외는 없다

떠돌이 외교관 엄마를 둔 덕분에 우리 아이들의 인생 여정은 참으로 복잡하기 그지없다. 큰애는 만 두 돌 반이 되었을 때 프랑스 유치원에서 생애 최초의 학업을 시작했다. 한국어를 제대로 구사하기도 전에 프랑스어를 몸으로 부딪쳐가며 배웠다.

프랑스 유치원에서는 감성 교육과 사회성 교육만 한다는 원칙 때문에 글을 가르치지 않는다. 글은 초등학교에 입학해서 배운다. 그러니 우리 아이들은 오로지 듣고 보고 따라 하고 흉내 내고 놀고 어울리며, 말 그대로 몸소 프랑스어를 '체득'했다.

그리고 네 살쯤 되던 방학 때, 한 달 남짓 서울에서 와 있던 이모한테서 한글을 처음 배웠다. 집에서는 꼭 한국어로 대화했지만, 글자를 배운 것은 처음이었다. 이모한테 한글을 배우면서 읽고 쓰는 법을 알더니 어느 순간엔가 프랑스어도 글로 쓰기 시작했다. 정해진 알파벳 코드에 따라 말을 글로 옮길 수 있다는 사실을 스스로 터득한 것이다.

어느 날 아이가 내게 '사드리'라는 이름을 프랑스어로 써달라고 했다. 나는 '사드리'라는 이름이 다소 생소해 "세드릭 말이니?" 하고 물었다.

아이는 "아니, 사드리!" 하고 소리쳤다.

언제나 단답형인 아이의 말에 힘이 잔뜩 실려 있었다. 내가 잠시 머뭇거리자 아이는 "사, 드, 리" 하며 한 자 한 자 소리쳐 말했다. 나는 발음 나는 대로 'SADRY'라고 써주었다.

"자, 여기 사, 드, 리. 이렇게 쓰는 거야."

그제야 비로소 아이는 흡족한 표정을 지어 보였다.

저녁 식사 준비를 하고 있는데 아이가 하도 조용해서 무슨 일인가 싶어 방에 들어가 보니 혼자 책상 앞에 앉아 뭔가를 끼적거리고 있었다. 노트에 SADRY, LEA, PAUL, CLEMENT, AMANDINE 등 20명 정도의 이름이 적혀 있었다. 언제 이 많은 이름을 다 적었는지 놀라웠다.

"세린아, 이게 뭐야? 친구들 이름 같은데?"

"응."

짧은 한마디로 엄마의 질문에 대답할 뿐 다른 설명은 없었다.

"한 번 읽어볼래?"

"사드리, 레아, 폴, 클레망, 아망딘……."

아이는 자기가 써놓은 이름을 신나게 소리 내어 읽었다. '셀린.' 자기 이름은 거의 끝부분에 있었다.

"그런데 친구들 이름은 왜 써놓은 거야?"

"……."

아무 대답이 없었다.

"사드리가 너랑 친한 그 남자애 맞지?"

"응."

"사드리, 착해?"

"응, 재밌어."

여전히 단답형 대화가 오갔다.

아이가 왜 같은 반 친구들 이름을 모조리 썼는지 알 수 없었지만, 나는 묻지 않았다. 그보다는 아이가 어떻게 그 이름들을 모두 정확하게 쓸 수 있는지 더 궁금했다.

"유치원에서 이름 쓰는 거 배웠어?"

"아니."

"그런데 정말 잘 썼네~ 혼자 배운 거야?"

"……."

대답이 없었다.

나는 가만히 있었다. 엄마가 가만히 있는 게 딱해 보였는지, 어쩐 일로 아이가 먼저 말문을 열었다.

"지난번에 이모가 알파벳 가르쳐줬어. 이모가 사준 책 맨 앞에 알파벳이 있어서 내가 가르쳐달라고 했어."

순간 양심의 가책이 느껴졌다.

유치원에서 글쓰기를 가르치지 않는다기에 내심 '옳거니 잘됐다' 싶어 아무것도 가르치지 않는 엄마의 '당당한 게으름'을 자책감 없이 정당화하고 있었는데, 그사이 이모가 선수를 친 것이다.

그러고 보니 아이 이모가 서울에서 이것저것 한 보따리 사온 책 중 표지 바로 뒷장에 알파벳이 쓰인 그림책이 있었던 게 생각났다.

요컨대 아이는 알파벳과 발음을 문자로 연결해 단어를 형상화하는 방법을 혼자 터득한 것이다. 소리 나는 대로, 즉 자신이 듣고 말하는 그대로 알파벳으로 옮긴 것이다.

나는 아이가 직접 보여준 이 '언어학적 경이로움'에 감탄을 금치 못했지만 아무런 내색도 하지 않았다. '아이들은 바로 이런 방식으로 말을 터득하고 글을 배우는구나.' 이런 언어학적 증명을 눈앞에서 마주하고도 '참 신기하다'는 생각만 하는 나 자신이 왠지 좀 우습게 느껴졌다.

그런데 더 놀라운 일은 그로부터 며칠이 지난 뒤 벌어졌다. 유치원에서 대사관 사무실로 전화가 걸려왔다.

'아이한테 무슨 일이 생겼구나.' 직감적으로 불안한 생각이 온몸을 사로잡았다. 머리카락이 곤두서는 것 같았다. 가슴이 쿵쾅거렸다.

아이가 약간 다쳤는데 상황이 다소 복잡하니 빨리 유치원으로 와달라는 것이었다. 허겁지겁 대사관을 나서 유치원까지 가는 내내 머릿속이 하얗게 변해 아무 생각도 할 수 없었다.

'결국 올 것이 왔구나. 그래도 약간 다쳤다니까 별일 아닐 거야. 그런데 복잡한 상황이란 게 뭐지?'

아무리 진정하려 애써도 헛일이었다. 나는 지하철에서 내려 단걸음에 유치원까지 뛰어갔다.

원장 선생님이 자기 사무실로 나를 안내했다. 중년 여성인 원장 선생님은 세린네 반의 담임이기도 했다.

"사드리라는 같은 반 남자애가 셀린과 단짝 친구예요. 늘 같이 붙어 다니고 밥도 같이 먹고 쉬는 시간에도 항상 같이 놀죠. 그런데 유치원 놀이터에 나뭇가지 하나가 떨어져 있었나봐요. 사드리가 그 나뭇가지를 들고 휘두르면서 '기사' 흉내를 낸 것 같아요. 그러다 그만 셀린을 찔렀는데, 사타구니 쪽이 긁혔어요. 많이 다치지는 않았는데, 피부가 벗겨지고 피가 조금 났어요."

원장 선생님은 상황을 설명하고 정말 미안하다고 말하더니 이렇게 덧붙였다.

"병원에 가서 진단서를 떼고, 원하시면 아이 부모나 유치원을 상대로 법적 조치를 취하십시오. 저로서는 모든 관리 책임을 지겠습니다."

나는 의외의 조언에 다소 놀랐지만, 일단 병원에 가보고 나서 결정하겠다고 점잖게 대답했다.

"우리 애가 사드리와 친하다는 건 알고 있었어요. 둘이서 장난을 하다 우연히 발생한 사고 같네요. 법적 조치는 좀 과한 듯합니다. 일부러 그런 것도 아니고, 아이들끼리 놀다가 생긴 일인데요. 언젠가 셀린 반 아이들 이름을 노트에 쭉 적어놓은 걸 봤거든요. 사드리 이야기를 자주 했어요. 물론 맨 위에 쓰여 있기도 했고요."

원장 선생님은 새파란 눈을 동그랗게 뜨고 깜짝 놀란 표정을 했다.

"아이들 이름을 썼어요? 어떻게요?"

나는 아이가 썼던 이름을 순서대로 몇 개 말해주었다.

"어머나, 세상에!"

프랑스 여성 특유의 호들갑스러운 몸짓을 하며 원장 선생님이 말했다.

"그건 아이들 출석부 순서예요. 제가 매일 아침 바로 그 순서대로 출석을 부르거든요. 반 아이 20명의 이름을 제가 출석 부르는 순서대로 외웠군요. 정말 대단해요. 기억력이 보통 아니에요."

"셀린이 유치원에서 다른 아이들과 잘 어울리나요? 집에서는 말도 별로 없는 데다 제가 뭘 물어봐도 도통 반응이 없거든요."

아이가 다쳐서 유치원에 불려온 마당에 아이 기억력을 칭찬하는 선생님에게 맞장구를 치기는 어째 좀 푼수를 떠는 것 같아 나는 말을 돌렸다.

"아직은 많이 긴장해 있어요. 그래서인지 집중도 잘 하고요. 어휘력도 하루하루 비약적인 발전을 하고 있고요. 무척 영특한 아이예요."

어쩐지 유치원에서 생긴 사고를 무마하기 위해 학부모 기분을 맞추려는 것처럼 보이지는 않았다.

난 아이를 병원에 데려가 진단서를 받았다. 아이는 며칠 동안 소변을 볼 때마다 다친 곳이 아프다며 힘들어했다. 살갗이 벗겨졌으니 많이 쓰릴 터였다. 아이가 아파할 때마다 적잖이 화가 치밀어 올랐다. 좀 더 심한 상처였다면 정말로 '법대로' 했을지 모를 일이다.

아이들이 놀다 그런 건데 그 정도 가지고 법적 책임 운운하는 건 아무래도 아닌 것 같았지만, 그건 순전히 우리네 사고방식에 따른 논리였는지 모른다. 프랑스 엄마들 같으면 아주 냉정하게 '법대로' 처리했을 수도 있다. 아무튼 나는 사드리 부모한테 사과의 방문을 받고, 유치원 규칙대로 그 아이를 적절히 다스리는 것으로 사태를 마무리했다.

그렇게 사고를 친 사드리는 부모와 함께 원장 선생님한테 호되게 야단을 맞고, 다시는 위험한 장난을 치지 않겠다고 다짐했다. 그리고 2주일 동안 쉬는 시간에도 놀이터에 나가서 놀지 못하고 혼자 교실에 있어야 하는 벌을 받았다. 잘못하면 벌을 받는 게 원칙이라는 법치주의를 그대로 적용한 것이다.

그리고 사드리 부모는 아들을 잘못 교육시킨 소홀함을 반성하는 사과의 편지를 직접 써서 내게 보냈다. 원장 선생님은 사드리 부모한테 내가 너그럽게 넘어가서 그렇지 다른 프랑스 부모 같았으면 곧바로 법원으로 가는 등 일이 아주 복잡해졌을 것이라고 말했다고 한다. 그 부모가 정말 운이 좋았다면서 말이다.

덕분에 사드리는 위험한 장난을 자제하며 의젓해졌다고도 했다. 생활 속 법치주의 원칙을 확실히 배우며 자라는 프랑스 아이들은 그렇게 성숙한 사회인이 되어간다.

세 살 적 버릇 여든까지 간다: 엄격한 훈육

큰애가 서너 살 정도일 때, 이따금씩 한국 식당을 찾으면 서빙하는 아주머니가 종종 이런 말을 하곤 했다.

"이 식당에 오는 한국 애들 중에 끝까지 앉아서 밥 먹는 애는 세린이 한 명뿐이에요."

"네? 정말요?"

"아이들은 본래 한군데 가만히 앉아 있질 못하잖아요. 특히 한국 애들은 프랑스 애들하고 달라서 거의 제자리에 앉아 있는 법이 없어요. 사실 어린애들한테는 식당에 오는 것 자체가 곤욕이죠. 프랑스 엄마들은 무척 엄하잖아요. 그래서 아이들이 엄마가 무서워 앉아 있기는 하는데, 그래도 힘들겠죠. 아무튼 세린이는 유일하게 꼼짝 안 하고 앉아 있는 애예요. 너무 엄하신 것 아니에요?"

"좀 그런 편이죠. 특히 애 아빠가 그 부분에 대해서는 상당히 엄하죠."

남편은 유독 공공 예절에 대해서만큼은 아이한테 무척 엄격했다. 여러 사람이 있는 공공장소에서 아이 때문에 다른 사람이 어떤 형태로든 피해를 입는다는 사실 자체를 참지 못하는 일종의 강박관념이 있었다. 거의 결벽증에 가까웠다. 아이가 말귀를 알아듣게 되면서부터, 그러니까 걸어 다니기 시작할 무렵부터 그 부분에 관한 남편의 훈육은 그야말로 가차 없었다.

사실 남편은 아이뿐 아니라 나한테도 그랬다. 지하철 노약자 보호석이 비어 있어 내가 아이와 함께 앉을라치면 여지없이 손사래를 쳤다. 앉아 있다 노약자가 타면 양보하겠다고 해도 소용없었다. 내가 말을 듣지 않고 그냥 앉으면 저만치 멀리 떨어져서 갔다.

내가 한국에서 큰애를 키우던 1990년대 말에는 쌈밥이나 칼국수 전문점 같은 대형 식당 대부분이 한쪽 구석에 아이들이 놀 수 있는 작은 놀이방 같은 것을 꾸며놓았다. 주말에 주로 가족 단위로 찾는 그런 식당은 그야말로 북새통에 가까웠다. 우리 애도 식당에 가자마자 밥은 먹는 둥 마는 둥하고 많은 아이들 틈에 끼어 미끄럼틀을 타느라 여념이 없었다.

이런 놀이방에서 여지없이 볼 수 있는 풍경은 밥그릇을 들고 미끄럼틀에서 내려오는 아이를 기다리는 엄마들이다. 한 번 타고 내려오면 한 숟가락, 또 타고 내려오면 다시 한 숟가락.

이런 보편적인 풍경에 힘입어 나도 밥그릇에 아이가 좋아하는 칼국수를 담아 미끄럼틀 앞으로 갔다. 제대로 엄마 노릇 한 번 해보겠다고 팔을 걷어붙이고 나선 것까지는 좋았는데, 아이도 마누라도 없어진 자리에서 혼자 밥을 먹던 남편이 나를 한심하다는 듯 쳐다보더니 그대로 식당 밖으로 나가버리는 것이었다.

나는 겸연쩍기도 하고 남편의 과도한 거부 반응이 못마땅하기도 했다. 아무튼 무척 심기가 상했다. 우리는 집으로 돌아오는 차 안에서 침묵으로 일관했다. 폭풍 전야의 팽팽한 긴장감이 느껴졌다.

남편은 자기한테만 악역을 맡겨놓고 내가 전혀 협조하지 않는다며 불만과 함께 서운함을 토로했다. 나는 나대로 남편의 빡빡한 태도가 너무 과해 숨이 막힌다고 맞받아쳤다. 그러자 남편은 아이를 교육하면서 수시로 '봐주기'와 '눈감아주기'를 하면 결국 눈치 빠른 아이는 부모의 훈육에 일관성이 없고 항상 예외가 존재한다는 사실을 알게 된다고 말했다. 순간의 편안함을 위해 원칙 자체를 무너뜨리는 눈 가리고 아웅 하는 식의 육아를 비난한 것이다.

결국 우리의 냉전은 언제나 그렇듯 참을성이 떨어지는 내가 먼저 종전을 선언하면서 막을 내렸다. 사실은 남편의 말이 옳다는 걸 잘 알고 있기 때문이기도 했다.

"부모가 정해준 원칙과 공공 에티켓을 아이가 인지하고 받아들일 때까지 잠시만 마음을 굳게 먹고 참으면 되는데, 그걸 못해 매번 도로아미타불을 만들고 있잖아. 나도 그저 오냐오냐하는, 사람 좋은 아빠가 되고 싶다고. 누군 악역을 맡는 게 좋은 줄 아나."

나는 아이 훈육에 있어서만큼은 무조건 애 아빠의 방식을 따르기로 했다. 몇 번의 고비가 있었지만 결국 아이는 엄격한 훈육에 길들여졌고, 이 훈육의 원칙을 깨우쳤다. 해도 되는 것과 해서는 안 되는 것 등 무엇이든 제 마음대로 할 수만은 없다는 사실을 알게 된 것이다.

그 결과 사람이 많은 장소에서 아이한테 수시로 잔소리를 해야 하는 귀찮은 상황이 우리한테는 일어나지 않았다. 잠시의 어려움을 견디고 나니 무지하게 편해진 것이다.

그리고 무엇보다 아이라고 절대 봐주는 법이 없는 프랑스 사회에서 최소한 가정교육을 잘못해 아이가 버릇없고 매너 없다는 손가락질을 받지 않았다. 아이와 함께 외출해도 얼굴을 붉히거나 언성을 높이지 않고 편하게 즐길 수 있게 된 것이다.

5-7
아이들 성장의 중심은 아이들 자신이어야 한다

프랑스와 한국 엄마들의 기본적 육아 방식에서 가장 큰 차이점은 바로 아이를 바라보는 관점에 있다.

2008년 봄, 2년 1개월의 튀니지 근무를 마치고 다시 프랑스로 발령을 받았다. 열 살 난 큰애, 다섯 살 난 작은애와 함께 소나타 자동차를 페리호에 신고 지중해를 건너 마르세유 항에 도착한 다음 다시 파리까지 육로를 통해 부임했다. 큰애는 바이링규얼 국제학교에 입학하고, 작은애는 집 앞에 있는 유치원에 들어갔다.

태어나서 처음으로 번듯한 유치원을 다니게 된 작은애는 튀니지 현지인 아이들 틈에서 살아남기 위해 거의 악을 쓰며 지내던 때와는 전혀 다르게 안정되어 보였다.

유치원 원장은 미술 육아 전문가였다. 프랑스 교육계에서는 이미 잘 알려진 학자였고, 인천에서 열린 '미술교육학' 관련 국제 컨퍼런스에 초청받아 한국을 다녀오기도 했다. 이 유치원의 교육 방침은 아이들로 하여금 그림이나 조각 등 어떤 형태로든 미술을 통해 자기를 표현하고 타인과의 관계를 이해함으로써 사회를 배우도록 하는 데 있었다.

유치원에는 유리로 된 높은 돔 형태의 메인 홀이 있는데, 그 홀의 벽 전체에 아이들이 그린 그림들이 다닥다닥 붙어 있었다.

작은애가 입학하자마자 처음 한 일은 자신의 사물함과 옷걸이에 '내 것'임을 표시하는 일종의 그림 이름표를 만드는 것이었다.

또다시 낯선 곳에 오긴 했지만 그래도 작은애는 튀니지에서 유아원을 다닌 '경력' 덕분에 의사소통엔 문제가 전혀 없었다. 문제는 이런 특이한 교육 방식에 익숙하지 않은 '촌티'였다. 작은애는 정말 그림을 그릴 줄 몰랐다. 튀니지에서 본 거라곤 파란 지중해와 집 마당에 핀 강렬한 색깔의 부겐빌레아꽃이 전부였다. 게다가 유아원의 그저 그런 인프라와 재정 사정상 딱히 그림 그리기 같은 예술 활동을 거의 접하지 못했다.

둘째의 그림은 도화지에 파란 크레용으로 몇 개의 줄무늬를 쓱쓱 그려 넣는 게 고작이었다. 뭘 그린 거냐고 물으면 "바다!"라고 자신 있게 외치곤 했다.

인물 묘사는 아주 간단한 윤곽으로 기다랗게 실루엣만 그렸다. 유난히 긴 팔에 손가락이 때로는 여섯 개씩 되는 큰 손을 그려 넣곤 했는데, 그래도 딸이 엉터리 그림을 그린다고 생각하기 싫은 엄마 심정을 더하자면 마치 알베르토 자코메티의 인물 조각을 연상케 하는 그림이었다.

파리에 와서 유치원 자기 사물함에 이름 대신 자화상을 그려 붙이는 상황에 이르러서도 작은애는 여지없이 그리고 당당하게 자코메티 스타일의 그림을 그렸다.

그렇게 시작한 파리 생활은 다섯 살 작은애한테 경이의 연속이었다. 유치원에서는 거의 매주 미술관과 도서관 방문 프로그램을 진행했다. 낮 동안 시간을 낼 수 있는 몇몇 부모의 자원봉사가 더해져 단체로 예술 탐방을 하는 기회였다.

작은애는 로댕 박물관, 오르세 미술관, 피카소 미술관, 오랑주리 박물관 등을 순례하면서 이런저런 이야기를 내게 들려주곤 했지만, 그렇다고 아이의 그림 그리기 방식이 획기적으로 변하지는 않았다.

그렇게 1년여가 지난 어느 날, 유치원 오픈 하우스가 있어 담임선생님과 이야기를 나눌 기회가 있었다.

"세아는 참 희한해요. 처음 왔을 때나 지금이나 그림이 참 특이하죠. 물론 아이들은 특이성이 곧 개성이니까 좋다고 생각해요."

그런데 내 귀에는 어쩐지 아이의 서툰 그림 솜씨를 이상하게 여기는 것처럼 들렸다.

"이거 한 번 보실래요?"

선생님은 아이의 스케치북을 보여주며 말을 이었다.

"이건 자기가 사는 동네를 그리는 거였어요. 다른 아이들은 모두 평면에 아파트와 길을 그렸는데, 세아만 유일하게 이런 식으로 그렸어요."

그림에는 이상하게 기울어진 아파트가 줄지어 있었다. 순간 나는 아이의 시도를 알아차릴 수 있었다. 각각의 네모난 아파트 건물을 3차원 방식으로 그리기 위해 한쪽 모서리를 빼내서 각도를 준 것이었다.

"뭐 각자 아이들 개성이니까."

선생님이 어깨를 들썩이며 말을 맺었다. 나는 선생님의 이상한 지적에 기분이 약간 언짢았지만, 속으로는 늘 2차원으로만 단순화시켜 표현하던 아이가 3차원을 시도하고 있다는 새로운 사실을 발견한 것이 무척 기뻤다.

아이는 언제부터인가 사람의 얼굴을 측면 모습, 즉 3차원적 각도를 고려해 그리기 시작했다. 그래서 아이가 그리는 사람 얼굴에는 항상 눈이 하나밖에 없었다.

그림을 잘 그리는 게 어떤 것인지 단 한 번도 설명하거나 그림에 대한 품평을 한 적이 없던 나로서는 아이 스스로 보고 배우고 터득해가며 요리조리 사물을 묘사하기 위해 애쓰고 있다는 사실이 기특하기만 했다.

아이의 자아 발전은 결코 억지로 무언가를 주입한다고 해서 이루어지는 것이 아니다. 스스로 보고 듣고 느끼고 거기서 나오는 결과를 구체화해보려는 내면적 노력이 드러날 때 비로소 이뤄지는 것이다.

프랑스에는 우리 같은 미술 학원이 없다. 우리나라에 흔하디흔한 피아노 학원도 프랑스에서는 찾아볼 수 없다. 유치원부터 대학원까지 무상 교육인 프랑스에서는 모든 예체능 교육이 학교에서 이루어지고, 각 지자체별로 동네마다 시행하는 방과 후 예능 활동에 등록하면 피아노·기타·바이올린 같은 악기 교습을 받을 수 있다.

미술에 재능을 보이는 아이들은 일찌감치 미술 전문학교인 '에콜 드 보자르' 입학을 준비하고, 음악에 재능이 있는 아이들은 음악 학교인 '콩세르바트와르'로 방향을 잡는다. 이런 특별한 예술가 양성원에 입학하기 위해 개인 교습을 받는 아이들도 있다. 하지만 우리나라에서처럼 모든 아이가 학교 수업 이외에 피아노 학원, 미술 학원을 다녀야 한다고는 절대 생각하지 않는다. 아이가 좋아하지 않는 활동을 억지로 시키는 것은 그저 시간과 노력과 돈의 낭비에 불과하다고 여긴다.

대신 프랑스 엄마들은 아이들을 데리고 미술관과 박물관엘 가고, 음악 공연을 보러 다니고, 주변의 아름다운 것을 감상하는 시간을 함께 나눈다. 휴가 때 여행을 떠나면 반드시 현지에 있는 뮤지엄을 찾는다.

새로운 문화를 좋아하는 것은 새로운 시각과 자극을 즐길 줄 알기 때문이다. 그래서 프랑스 엄마들은 다른 문화에 너그럽다. 그리고 개방적이다.

좋은 그림은 그걸 그린 사람이 스스로 자기가 하는 일을 즐기고, 또 그걸 보는 사람과 교감하는 그림이라고 그들은 생각한다. 배워서 익힌 테크닉으로 그저 잘 그려낸 그림이 좋은 것이라고는 생각하지 않는다. 또한 자신만의 아름다움을 담아낸 것을 개성이라고 부른다.

우리 엄마들은 왜 다재다능한 아이를 꿈꾸는가? 왜 내 아이는 뭐든 잘하고 특출 나야 한다고 생각하는가? 재능이란 보편적인 사람이 아닌 특별한 극소수 사람의 것이기 때문에 가치 있다는 사실을 왜 받아들이지 못하는가?

획일적인 사회와 보편적 아름다움 그리고 모방 행위를 우러르는 관습.

이 모든 것이 우리 자녀를 개성 없는 아이로 몰고 가는 것은 아닌지 곰곰이
생각해볼 필요가 있다.

5-8
American
Library in Paris

센 강변 에펠탑이 위치한 샹드마르스 공원 인근에 파리에서 유일한 아
메리칸 라이브러리가 있다. 1920년에 설립한 이 미국 도서관은 영어권 문
화에 관심 있는 프랑스 사람과 파리에 사는 미국인을 비롯한 외국인에게 영
어로 숨 쉴 수 있는 오아시스가 되어준다. 프랑스의 여느 유서 깊은 도서관
과 별반 차이 없는 곳이지만, 리셉션 데스크에서부터 운영 전반이 영어와 프
랑스어 바이링규얼로 이루어진다는 것이 다르다면 다르다.

나는 파리에서 근무하는 동안 두 아이를 데리고 종종 이곳을 드나들었
다. 나야 그저 책을 빌리고 반납하는 아이들과 동행하는 것이 고작이었지만,
미국 학부모들은 그곳에서 자원봉사로 일도 하고 아이들과 독서 클럽을 운
영하는 등 나름 활발한 활동을 하고 있었다.

아메리칸 라이브러리에서 하는 행사 중 부모나 아이들이 가장 열광적으
로 호응하는 것은 영어 철자 맞히기 시합, 곧 '스펠링 비(spelling bee)'였다.

아이들의 나이에 따라 카테고리를 정하고 미리 100여 개의 단어를 알려준다. 아이들은 이 단어를 익힌 다음 발음을 듣고 그 스펠링을 맞혀야 한다.

물론 정확한 단어 암기와 발음 연습이 매우 중요하지만, 실제 대회를 치러보면 침착한 태도가 무엇보다 크게 작용한다는 사실을 알 수 있다. 단어를 아는 것과 그 단어의 알파벳을 또박또박 하나하나 말로 해서 다 맞히는 것은 다른 문제이기 때문이다. 자칫 덤벙대면 단어를 알면서도 스펠링을 잘못 말하기 일쑤다. 특히, mediterranian처럼 중간에 자음이나 모음이 연달아 겹치는 단어의 경우는 실수하기 십상이다.

바이링규얼 초등학교에 다니던 큰애는 어디서 그런 용기와 경쟁심이 생겼는지 이 대회에 도전장을 냈다. 열심히 단어를 외우고 연습을 시작했다. 엄마한테 리스트에 나와 있는 단어를 순서에 관계없이 말해달라고 했다. 그러다 엄마의 영어 발음이 시원치 않다고 핀잔을 주더니 그나마 동생 발음이 낫다며 동생을 붙들어 앉히고 맹연습을 반복했다.

한국에서든 외국에서든 이런 대회에 참가하려면 엄마는 열 일 하느라 바쁘다. 등록하고, 대회에 데려가고, 귀찮은 일투성이다. 속으로는 은근히 예선에서 떨어지길 바라기도 한다. 한 번 시작한 도전에 유난히 집착이 강한 큰애는 예선을 통과해 본선까지 갔다. 이는 곧 내 몇 번의 주말을 아이를 데려다주고 기다리는 일에 투입해야 한다는 걸 의미했다. 아이가 본선에 진출했다는 소식을 듣는 순간, 대견하다는 생각에 앞서 귀찮다는 생각이 제일 먼저 든 이유다.

모든 대회는 주말에 열린다. 주중에 열려봐야 대부분 일을 하는 부모들의 호응을 얻을 수 없으니 주말에 열리는 게 당연하다. 아이를 대회 장소에 데려다주고 끝날 때까지 근처 카페에서 노닥거리다 보면 나와 같은 처지의 프랑스 엄마를 잔뜩 만날 수 있었다.

프랑스에서 일반 공립학교가 아닌 바이링규얼 국제학교에 다니는 것은 대부분 상류층 아이들이다. 그렇지만 워킹맘이 아닌 엄마는 거의 찾아보기 어렵다. 엄마들은 주말에까지 이 귀찮은 일을 해야 한다는 동정 어린 눈빛을 서로 교환하며 삼삼오오 모여 앉았다. 다들 청바지에 티셔츠 위로 카디건 하나를 걸치거나 머플러를 휘감은 꾸밈없고 여유로운 모습이다. 치장을 한 모습은 보기 힘들다. 립스틱조차 바르지 않은 민낯에 주말의 커피 한잔으로 일주일의 업무 스트레스를 느긋하게 푼다.

아이들의 일은 그저 아이들 몫이라는 무심한 표정과 주말에 아이를 데리고 이런 상황에 처해 있는 자신의 인생도 자기 몫이라는 여유로운 표정. 나는 이것이 진정한 프랑스 엄마의 힘이라고 늘 생각했다.

5-9
프랑스의
생일 파티

아이가 자라면서 아주 가끔씩 '슬립 오버' 이벤트를 하거나 친구들 생일 파티에 초대받는 일이 생겼다. 생일 파티는 집에서 하는 경우도 있고 밖에서 특별한 장소를 빌려 하는 경우도 많다.

　주로 아이들을 위한 동물원이나 과수원, 농장 같은 곳에 마련된 이벤트 룸을 렌트하는 일이 많은데, 한때는 너도나도 맥도날드에서 파티를 여는 게 유행했다. 미국식 패스트푸드를 혐오하는 프랑스 사람이지만, 아이들이 좋아하는 디즈니 캐릭터로 온통 꾸며주는 맥도날드 생일 파티를 피할 도리는 없어 보였다. 실내에 정글 놀이터까지 갖춘 대형 패스트푸드점은 어린이 생일 파티를 열기에 최적의 장소였다.

　이런 생일 파티에 가보면 주인공 아이의 조부모도 함께 참석하곤 한다. 이때 만나는 프랑스 할머니 할아버지는 어김없이 패스트푸드점에서 여는 자기 손자 손녀의 생일 파티에 불만을 늘어놓는다.

　"난 정말 이해할 수가 없어요. 아이들한테 왜 이런 걸 먹이며 파티를 하느냐고요. 이게 사람이 먹는 음식인가요? 이런 걸 돈 주고 사 먹다니, 쯔쯧. 왜들 이렇게 맛도 없고 영양가도 없는 미국 사람들의 야만적 음식을 생일날 먹이느라 야단인지, 원."

　본래 프랑스 사람들은 미국식이라면 모든 걸 싫어한다. 별로 잘난 것도 없어 보이는 사람들이 세계를 좌지우지하는 것 자체가 불쾌하다는 자격지심의 표현이기도 하지만, 문화 자체가 달라도 너무 다르기 때문이다. 먹는 것을 숭배하는 프랑스 사람들 눈에 허여멀건 빵 속에 이것저것 겹겹이 쌓아 손에 들고 우악스럽게 먹는 것이 좋아 보일 리 만무하다. 우아한 식도락가를 자처하는 이들로서는 도대체 품위라고는 찾아볼 수 없는 미국인의 섭식 행위가 볼썽사나울 수밖에 없다.

　그렇지만 아이들 마음에 드는 온갖 요소를 갖추고 있는 이른바 '트렌드'인

패스트푸드 생일 파티를 막을 도리는 없다. 내가 유학 생활을 하던 1980년대에는 거의 없던 맥도날드가 지금은 도처에 파고들어 프랑스에서 흔히 볼 수 있는 엄연한 식당으로 자리 잡은 지 오래다. 다만 현지인의 식습관에 맞춘 영업 정책을 잘 살리는 맥도날드는 프랑스식 메뉴를 개발해 샐러드와 과일 디저트 같은 것에 특히 신경을 쓴다.

생일 파티는 주로 토요일 점심 때 많이 열린다. 주중에는 다들 직장에 매여 있기 때문이다. 아이들을 생일 파티에 데려다주고 데려오는 일도 주말만 기다리며 일한 엄마들한테는 힘든 일과가 아닐 수 없다.

아이 덕분에 나는 참으로 다양한 종류의 생일 파티에 가보았다. 패스트 푸드나 놀이공원 파티는 가장 흔한 경우에 속한다. 영화를 보고 나서 극장 안에 있는 푸드 코트 피자집에서 파티를 하는 경우도 있고, 미술관·박물관·동물원·농장·서커스 공연장·수영장 등등 장소도 갖가지다.

이렇게 밖에서 하는 것보다 좀 경제적이긴 하지만 엄마의 노동과 창의력을 요하는 홈 파티도 있다. 특히 아이들은 시간도 자유롭고 친구의 사생활을 엿볼 수 있는 홈 파티를 제일 좋아하는 것 같다. 물론 아이들에게 심심할 틈을 주지 않고, 게임도 시키고 노래도 부르고 엄마 아빠가 헌신적으로 봉사한다는 전제 조건 아래 말이다.

집에 온통 장식을 해놓고 아이들을 모아 다양한 프로그램을 진행하는데, 어떤 때는 아예 전문 엔터테이너를 불러서 하는 경우도 있다. 하지만 아빠나 엄마가 기타를 치며 함께 노래를 부르거나 게임을 하는 것은 내가 봐도 정말 부러운 일이 아닐 수 없다.

나는 큰애가 프랑스에서 초등학교를 졸업하기 전에 꼭 집에서 생일 파티를 한 번 열어주겠다고 약속했다. 초등학교를 졸업하면 친한 친구들과 모두 헤어져야 하는 데다 이런저런 핑계로 친구들을 초대한 생일 파티를 열어준 적이 없기 때문에 딱 한 번이라도 아이한테 잊지 못할 추억을 선물해줘야겠다고 결심했기 때문이다.

아이가 12세 생일을 맞던 2010년 가을, 드디어 집에서 파티를 열었다. 음식은 김밥, 튀김, 잡채, 불고기 같은 아이들이 좋아할 만한 한국 요리로 준비했다. 워낙 다년간 워킹맘으로 살아온 덕분에 번갯불에 콩 구워 먹듯 대충 후다닥 요리하는 데 선수다 보니 그다지 어려울 것은 없었다. 딱 한 번뿐인데 이왕 하는 거 두고두고 확실하게 생색낼 수 있도록 하자고 마음먹으니 모든 것이 쉽게 느껴졌다.

거실을 풍선과 반짝이로 장식하고 몇 가지 게임을 준비했다. 큰 바구니에 오자미 같은 공을 던져 넣는 게임이 제일 인기 있었다. 가장 많이 넣는 아이에게는 상품도 주었다. 우리 아파트에는 자그마한 공동 정원이 딸려 있어 아이들과 밖에 나가 공 던지기도 하고, 땅따먹기도 하고, '무궁화꽃이 피었습니다' 놀이도 했다. 프랑스에서는 '하나, 둘, 셋, 해님!'[32] 이라고 하는데, 놀이 방식이 똑같다. 나는 이 놀이를 볼 때마다 항상 동심은 국경을 초월한다는 생각이 들곤 했다.

놀이를 끝내고 다시 집으로 올라와 내가 한국식으로 열심히 준비한 음식을 먹었다. 그리고 아이들에게 두 손으로 무릎을 친 다음 손바닥을 마주 치고 좌우 엄지손가락을 차례로 펴면서 하는 놀이를 가르쳐주었다. "I'm

---

32 프랑스어로는 'un, deux, trois, soleil'라고 한다.

ground, 과일 이름 대기!" "사과 둘!", "사과, 사과!" 아이들은 난생처음 해보는 한국 게임에 푹 빠져버렸다.

아이들이 서서히 지쳐갈 무렵, 나는 이벤트의 하이라이트인 생일 케이크를 등장시켰다. 아이들은 내가 한 번도 들어본 적 없는 희한한 생일 축하 노래를 불렀다. 둘째도 알고 있는 것으로 보아 자기들끼리 하는 특별한 노래인 듯했다. 그리고 저마다 생일 선물을 주고, 큰애는 일일이 포장을 열어보며 귀에 걸린 입을 다물지 못했다.

그 하루 생일 파티로 나는 엄마로서 향후 10년 동안 큰소리칠 수 있는 터전을 구축했다. 노력 대비 효과 최고였다. 모든 게 상대적인 것 아니겠는가. 아이는 늘 바쁜 엄마가 자기를 위해 친구들을 모조리 집으로 초대해 생일 파티를 열어주었다는 사실에 진심으로 감사하는 것 같았다. 게다가 생일 파티 프로그램을 상의하고, 친구들이 좋아할 만한 메뉴와 게임을 정하고, 쇼핑을 하는 등 일련의 과정을 함께하면서 공동의 책임 아래 추진하는 이벤트를 만들 수 있었다.

6부

프랑스 엄마들의
아날로그 교육 방식

●

프랑스 엄마들은 아이에게 목숨을 걸듯 매달리지 않는다. 아이는 아이 자신의 인생을 살아야 한다고 생각한다. 그래서 성년이 된 자녀와 한집에서 같이 살지 않는다. 프랑스 아이들은 만 18세 성년이 지나서도 부모와 함께 사는 걸 엄청난 수치로 여긴다. 물론 부모들도 자기 아이가 그런 수치심을 지니고 살길 절대 원치 않는다. 그래서 대학에 입학하면 거의 대부분의 아이가 독립한다.

The Power of
French Mother

아이와의 줄다리기:
프랑스 엄마들은 이렇게 한다

'애 키우는 일'은 세상 어디든 다 마찬가지다. 프랑스 엄마들이라고 유독 우아하게 아이를 키우는 재주가 있는 것도 아니고, 한국 엄마들이라고 타고난 육아 전문가일 수 없다. 다만 아이와 엄마의 관계 설정에 있어 약간의 기술적 차이가 있을 뿐이다.

성격이 온순하고 밤에 잠도 잘 자고 주는 대로 잘 먹는 아이가 있는 반면, 말 안 듣고 떼를 쓰는 등 엄마 성질을 돋우는 아이도 있다.

아이들을 데리고 마트에 장을 보러 가는 건 한국에서든 프랑스에서든 어디서나 볼 수 있는 자연스러운 풍경이다. 자동차 모양의 요란한 카트에 아이를 태우거나, 깃발이 꽂힌 아이만의 미니 카트를 따로 밀게 하면서 장을 보는 등 각양각색의 상황이 연출된다. 큰애는 옆에서 카트를 밀고 작은애는 카트 위에 태우는 경우도 있다.

마트에 가는 걸 특별히 즐겨서 엄마를 따라나서는 아이들이 과연 얼마나 될까. 대부분은 그냥 엄마를 따라가는 경우가 많다. 혹은 엄마랑 같이 마트에 가면 좋아하는 군것질거리나 장난감이라도 하나 살 수 있을까 하는 기대감을 갖기도 한다.

그런데 아이의 인내심은 나이 플러스 3초라는 말이 있다. 세 살배기 아이가 얌전히 인내할 수 있는 시간은 6초라는 뜻이다. 이 시간이 지나면 아이들은 징징대기 시작한다. 그러다 이것저것 만지며 말썽을 부린다. 장을 보느라 바쁜 엄마는 아이의 징징거림이 거슬린다. 이때부터 엄마와 아이 간에 힘겨운 줄다리기가 시작된다.

이런 상황에서 프랑스 엄마들은 어떻게 대처할까. 당차고 단호한 프랑스 엄마들은 아이가 던지는 미끼에 걸려들지 않는다. 아예 처음부터 들은 척도 않는다.

좀 더 현명한 엄마들은 아이를 동반자로 활용한다. 우선 장을 보기에 앞서 아이와 함께 쇼핑 리스트를 작성한다. 그리고 마트에 들어서면 아이한테 미션을 부여한다.

"엄마는 채소 코너에서 당근과 양파를 살 거니까 너는 유제품 코너에 가서 요구르트와 치즈를 가져오렴."

"아 참, 꼭 유효 기간을 확인해야 해. 날짜가 최근일수록 유통 기한이 많이 남은 거야. 알겠지?"

그러면 아이는 미션을 수행하기 위해 최선을 다한다. 아이에게 일정 수준의 책임감을 부여하고, 그걸 바탕으로 성취감을 맛보도록 하는 것은 엄마와 아이가 소모적인 줄다리기를 하지 않는 최상의 기술이다.

한편 둘째를 낳은 후부터 큰애가 엄청나게 애를 먹이는 일이 종종 있다. 엄마의 사랑과 관심을 뺏겼다고 느끼는 순간, 큰애는 돌발적이고 공격적인 행동을 서슴지 않는다. 모든 것이 엄마의 관심을 끌기 위한 절규다. 얌전했던 아이가 악을 쓰고 몸부림을 치기도 한다.

이럴 때 프랑스 엄마들이 잘하는 것이 하나 있다. 바로 대화다.

큰애는 자전거를 타고, 작은애는 유모차에 태워 놀이터에 간다. 놀이터에서 잘 놀고 집으로 돌아가는 길. 큰애가 타고 가던 자전거를 길바닥에 팽개치더니 바퀴가 잘 구르지 않는다며 울기 시작한다. 그러더니 자전거를 발로 차며 온몸으로 울부짖는다. 유모차에 타고 있던 둘째도 잠에서 깨어 같이 울기 시작한다. 그야말로 순식간에 난장판이 되어버린다.

이때 프랑스 엄마는 당황하지 않고 냉정함을 유지하려 애쓰면서 큰애에게 말한다.

"자전거가 안 굴러? 이런 바보 같은 자전거 같으니라고. 그럼 이거 여기다 버리고 갈까? 잘 구르지도 않고 속 썩이는데 그냥 버릴까? 그러는 게 어때? 네가 원하는 게 그거야?"

뜻밖의 질문을 받은 아이는 난감해하며 순간 멈칫한다. 그리고 잠시 생각한다.

'내가 원하는 게 그건가?'

'자전거를 버리고 가야 하나?'

십중팔구 아이는 자기 입장을 밝히게 마련이다. 엄마의 질문에 대답을 하는 것이다. 대부분 아이는 주섬주섬 내팽개친 자전거를 바로 세운다. 그리고 자전거를 끌며 눈물이 범벅된 얼굴로 엄마 뒤를 따른다.

아이가 울고불고 난리를 치는 상황에서 당황한 엄마가 야단을 치고, 그러면 안 된다고 타이르고, 벌을 준다고 위협하고, 심지어 볼기짝을 한두 대 때리면 아이는 자신의 떼쓰는 행동과 거기에 대응하는 엄마의 비이성적 행동을 모두 지극히 당연한 것으로 여긴다. 이때는 아이의 일방적 흐름을 끊고 침착하게 대응하는 다소 지능적인 작전이 필요하다.

어떤 프랑스 엄마는 아이가 화를 내면 쿠션이나 베개 같은 안전한 물건에 분노를 표출할 수 있도록 한다. 일종의 탈출구를 만들어주는 것이다. 때로는 화난 정도를 얼굴 그림으로 표현하도록 유도하기도 한다.

"화가 많이 났구나. 이 정도로 화가 난 거야? 그림의 얼굴이 완전히 일그러졌네?"

엄마의 질문에 대답해야 하는 아이는 순간적으로 자신의 상태를 생각할 수밖에 없다. 여기서 아이의 화는 한 템포 끊긴다.

이는 자신의 화를 마구잡이로 표출하는 게 아니라 일정한 패턴에 맞춰 외부에 알림으로써 스스로를 조절하는 능력을 키워주기 위함이다. 이것이 프랑스 엄마들의 지혜다.

6-2
글로벌한 사고가 곧 실력이다:
미국에서 본 한국 엄마의 힘

2013년 2월, 난 처음으로 프랑스어권 근무지를 벗어나 미국 애틀랜타로 발령을 받았다. 애틀랜타는 다른 미국 대도시에 비해 주거 생활비 같은 물가가 상대적으로 낮은 편인 데다 사철 온화한 기후와 잘 형성된 한인 타운의 편의성 덕분에 최근 들어 미국 다른 지역에서 이주해오는 동포들이 급속도로 늘고 있다. 교육 여건도 좋아 오로지 자녀교육만을 위해 미국으로 온 기러기 가족도 무척 많다.

게다가 조지아주에 기아자동차, 앨라배마주에 현대자동차, 테네시주에 한국타이어 같은 대기업이 대거 진출하고 협력 업체들까지 투자를 하면서 기업체와 주재원 수도 엄청나게 늘고 있다.

한인 동포가 많이 모여 사는 지역에 있는 한 초등학교는 절반 이상이 한국인인 경우도 있을 정도다.

이 타운을 지나다 보면 여기가 한국인지 미국인지 분간하기 어려울 만큼 한국어로 된 간판이 즐비하게 늘어서 있다. 1년 내내 영어 한마디 하지 않고서도 아무 불편 없이 지낼 수 있어 이곳 한인들은 '정말 내가 미국에 살고 있는 게 맞나' 하는 생각이 종종 든다고 한다.

미국 내 한인 동포 사회는 이민 개척기인 1세대와 어린 나이에 부모를 따라 미국으로 와서 교육받으며 자란 1.5세대를 넘어 이제는 미국에서 태어난 2세대가 뿌리를 내리면서 급성장하고 있다.

애틀랜타 지역 이민 1.5세대 중에는 조지아주 하원의원이 된 인물도 있고, 정계 진출을 꿈꾸는 2세대 젊은이 또한 많다. 특히 2세대 젊은이 중엔 미국에서 태어나 자랐는데도 마치 한국에서 성장한 사람처럼 한국어를 능숙하게 구사하는 인재들을 종종 만날 수 있다.

나는 총영사관이 주관하는 한인 차세대 네트워킹 사업을 추진하면서 한국어를 특출하게 잘하는 이민 2세대 젊은 사업가와 자주 만날 기회가 있었다. 어떻게 해서 그렇게 한국어를 잘하게 되었냐고 물었더니 그는 열성적인 엄마 덕분이라고 했다.

"어릴 때 엄마가 저한테 한국어를 가르치신 방법은 무척 엄격했어요. 약간 막무가내랄까, 하하하. 일단 집에 있을 때는 절대 영어를 쓰지 못하도록 하셨거든요. 집에서 영어로 한마디라도 했다가는 곧바로 벌을 받았는데, 아주 실용적이고 곧바로 체감할 수 있는 현실적인 벌이었죠."

그의 말은 무척 진지하게 들렸다. 목소리에도 점점 힘이 들어갔다.

"엄마는 커다란 유리 항아리에 동전을 하나 가득 채워 저한테 주셨어요. 그 항아리에 들어 있는 돈이 모두 제 거라고 하시면서요. 항아리에는 제 이름표가 붙어 있었어요. 어린 눈에 그 항아리는 엄청나게 커 보였어요. 물론 그 안에 든 돈도 무진장 많게 느껴졌죠. 그런데 제 항아리 옆에는 똑같이 생긴 빈 유리 항아리가 있었어요. '엄마'라는 이름표가 붙어 있었죠. 저는 집에서 영어를 쓸 때마다, 그러니까 단어 하나라도 영어로 말하면 곧바로 제 항아리에 있는 동전을 엄마의 빈 항아리로 옮겨 담아야 했어요. 제 손으로 직접요. 그런데 동전이 하나둘씩 엄마 항아리로 옮겨가더니 어느 날 정말 거짓말처럼 엄마 항아리에 동전이 수북이 쌓여 있는 거였어요. 가득 차 있던 제 항아리의 동전은 눈에 띄게 없어졌고요. 어찌나 아깝던지."

나는 처음 들어보는 이 특이한 학습 방법에 속으로 감탄을 금치 못하면서도 내색하지 않고 조용히 귀를 기울였다.

"어린 마음에도 얼마나 아깝고 속이 상하던지 그때부터 집에서 영어를 쓰지 않기 위해 안간힘을 썼어요. 그뿐만이 아니에요. 사실은 자존심도 엄청 상했거든요. 제가 못나서 항아리의 돈을 지키지 못했다는 생각에 기분이 몹시 나빴어요. 제가 좀 욕심이 많은 아이였나 봐요, 하하하."

참 솔직한 자기표현이라는 생각이 들었다.

"게다가 엄마는 매년 여름 방학 때 저를 한국의 외할아버지 댁에 보내셨어요. 그 덕을 참 많이 본 것 같아요. 제게 남다른 자립심을 키워주신 것 같거든요. 사실 엄마 입장에서 어린 저를 매번 그렇게 떼어놓는 게 얼마나 힘드셨겠어요. 그 덕분에 일찍 독립하고 제 사업체도 차리게 되었죠. 영어와 한국어를 완벽하게 구사하니 한국 사람들과의 사업 구상도 자유롭게 할 수 있어 이 바닥에서는 나름 큰 경쟁력을 갖게 된 셈이죠."

나는 속으로 거듭 경탄하고 있었다. 그는 한국식 존댓말이나 '대박', '당근' 따위의 요샛말까지 자유롭게 사용했다.

이 젊은 한국계 미국인을 보면서, 유치원은 물론 심지어 갓난아이 때부터 영어 조기 교육을 시키느라 거의 노이로제 상태에 이른 우리 사회의 현상은 과연 무엇일까 하는 의문이 들었다.

아메리칸드림을 찾아 미국으로 이민 온 1세대는 대부분 부부가 함께 밤낮없이 일하며 낯선 땅에서 자리 잡기 위해 자녀들에게 신경을 쓸 겨를이 없었다.

아이들은 아이들대로 혼자 미국 사회에 적응하느라 서바이벌 그 이상의 것에 신경 쓸 여념이 없었다. 그러다 보니 대다수 아이들은 한국어를 잊어버린 게 사실이다.

그런가 하면 어떤 1세대 부모는 정반대 철학에 따라 자녀들이 아예 한국어를 쓰지 못하도록 한 경우도 많다.

하루빨리 미국 사회에 적응하길 바라는 마음에서 말이다. 이 또한 부모 입장에서는 충분히 이해가 간다.

하지만 그것은 1960~1970년대의 이야기다. 한국의 발전은 전 세계가 예측하지 못한 경이로운 비약이었다. 미국에 투자하는 한국 기업이 일자리 창출에 기여하고, 지역 경제를 부흥시키는 원동력이 되고 있는 것이 요즘의 현실이다. 주정부마다 각종 인센티브를 제공하면서 한국 기업을 유치하기 위해 전력투구한다. 전 국토를 폐허로 만든 한국전쟁이 끝난 지 불과 60년 전이고, 얼마 전까지만 해도 유엔의 원조를 받던 나라가 몇 십 년 만에 이렇게 부강해지리라고 그 누가 상상이나 했겠는가.

이런 한국 '붐' 속에서 한국어에 능통한 1.5세대, 2세대들은 한국과 미국 간 경제 협력의 주역으로 활약한다. 한국 기업 하나가 미국에 진출하려면 시장 조사, 전망 조사, 법적 검토, 타당성 검토, 현지 인력 고용 등 숱한 사전 작업을 병행해야 한다.

이 모든 일을 맡아할 수 있는, 2개 국어에 완전히 능통한 인재 풀은 그리 크지 않다. 당연히 이들의 특수성은 엄청난 경제적 효과를 지닌 탁월한 경쟁력으로 작용한다.

바야흐로 한국어가 무기인 시대가 된 것이다. 이런 시대의 흐름을 예측하고 준비된 인재로 키워낸 엄마들의 혜안이 그 어느 때보다 돋보일 수밖에 없다.

남들 다 하니까 아무 생각 없이 따라 하는 게 아니라, 내 아이에게 꼭 필요한 것이 무엇인지 그리고 어떤 방식이 옳은지 깊이 고민하고 소신 있게 추진하는 바로 그 혜안 말이다.

파리의 겨울 날씨는 참 얄궂다. 안개가 낀 듯하면서도 꼭 그렇지만은 않은 칙칙함으로 가득 찬 하늘. 그 하늘 밑 건물도, 앙상한 나뭇가지도 온통 잿빛이다. 영하의 기온이 아님에도 뼛속까지 한기가 든다. 하지만 이렇게 축 처지듯 가라앉은 잿빛 또한 파리라는 도시가 지닌 다양한 색깔 중 하나다.

약한 가랑비가 흩뿌리듯 날리는 2월 어느 날, 평소 친하게 지내는 후배와 시내 한 레스토랑에서 점심을 함께 먹기 위해 만났다. 둘째 아이 출산을 앞둔 만삭의 몸에도 불구하고 후배는 여느 때나 다름없이 밝고 씩씩한 모습으로 나타났다. 레스토랑으로 들어서는 후배와 프랑스식으로 비쥬를 하며 우리는 반가운 인사를 나눴다.

"야, 이거 배가 너무 나와서 얼굴이 안 닿는걸, 하하하."

"그치, 언니? 확실히 둘째는 배가 많이 불러진다고 하더니만. 자이언트 베이비인가봐, 하하하."

"근데 희한하게 너는 배만 나왔지 다른 데는 여전히 깡말랐잖아."

"아니야, 언니. 여기저기 살 많이 붙었어. 근데 세바스티앙은 이게 더 좋다네."

세바스티앙은 후배의 프랑스인 남편이다. 파리 취재원으로 일하던 후배가 한국 기업과 합작 투자 프로젝트를 진행하던 프랑스인 비즈니스맨을 인터뷰하다 이 파리지앵의 작업에 제대로 낚인 케이스다.

후배는 검은색 겨울 코트를 입고 있었다. 거의 발목까지 내려오는 롱코트 위로 굵은 벨트를 동여맸다. 만삭의 임산부이지만 패션을 포기할 수 없다는 결연한 의지가 엿보였다. 임산부가 멋 부리느라 참 애썼다고 하자, 후배는 이렇게 말했다.

"그치? 내가 이러고 나오는데, 세바스티앙이 얼마나 깔깔대며 웃던지 말이야. 그러곤 잠깐 가만히 서 있으라고 하더니 꼭 안아주는 거야. 정말 귀여워 죽겠다면서."

그렇게 말하는 후배의 얼굴에 행복한 미소가 가득했다.

"지난주에 시아버님이 다녀가셨거든. 지난번 살던 집에는 방이 하나밖에 없어 시아버님이 오면 거실에서 주무셨잖아. 그때마다 참 죄송했는데, 이번 이사한 집에는 방이 여유가 있어서 이제 자주 오실 것 같아. 난 시아버님하고 참 잘 통하거든."

"만삭 며느리가 있는 아들 집에 와서 자고 가는 프랑스 시아버지는 너네 시아버지가 아마 유일할 거다."

"프랑스 며느리가 둘이나 있지만 거긴 얼씬도 안 하셔. 다들 쌀쌀맞게 구는 데다 시아버님이 들른다고 해도 오지 말라고 하니까."

"프랑스 여자들은 참 인정머리가 없나 봐. 혼자 사는 시아버지한테……."

"언니, 나는 그냥 시아버님이 편하게 해드릴 뿐이야. 우리 딸한테도 정말 잘 해주시거든. 애도 할아버지를 아주 좋아하고. 지난주에는 출산 준비금이라고 봉투까지 주고 가셨어, 야호!"

후배는 완전 한국식으로 시아버님을 모시고 있다. 프랑스에서는 극히 찾아보기 힘든 경우다. 이렇듯 살갑게 대하는 한국인 며느리를 시아버지도 편애하지 않을 수 없을 것이다.

파리 서쪽 외곽에 있는 어린이 공원에는 한국-프랑스 우호 관계의 상징으로 설립한 '서울정원'이 있다. 규모는 크지 않지만 정자와 돌담, 석등으로 예쁘게 꾸민 전통 한국식 정원이다. 그곳에서는 종종 한국 관련 행사가 열린다. 어느 해인가 추석 기념행사 때였다.

후배는 어린 딸아이와 노신사 한 분을 대동하고 나타났다. 초면이었지만 노신사를 보는 순간 시아버님임을 직감할 수 있었다. 우리는 반갑게 인사를 나눴다.

"선생님께서는 참 운이 좋으시네요. 이렇게 멋진 여성 둘과 함께 오시다니요."

나는 웃으며 프랑스식 농담을 건넸다.

"그렇지요. 세상에서 가장 운이 좋은 사람이죠."

후배의 시아버님은 밝게 웃으며 내 농담에 맞장구를 쳤다. 정말 행복해 보이는 프랑스 노신사의 얼굴에 '나 며느리 잘 봤다'는 자부심과 안도감이 엿보였다.

영리한 후배는 한국식 가족생활 방식을 적절히 프랑스 가정에 도입해 자기만의 강력한 무기로 만든 셈이었다.

프랑스의 위트:
1+1=3

프랑스에 있는 우리 대사관은 파리 센강 좌안(리브 고쉬)에 위치한 대표적 유적지 앵발리드 군사박물관 바로 왼편에 자리하고 있다. 황금색 돔이 웅장함과 권위를 더하는 앵발리드와 로댕 박물관을 방문하는 관광객은 자연스럽게 대사관 정문에 휘날리는 태극기를 접하게 된다. 프랑스 외교부가 있는 구역이어서 각국 대사관이 많이 위치해 있기도 하다.

프랑스 외교부 건물 바로 옆 센 강변에는 하원의사당이 있다. 그 뒤편으로는 생제르맹 거리와 이어진 고급 쇼핑가가 있기도 하다. 프랑스 정치·외교의 상징과도 같은 곳이다 보니 부근에는 유명 신사복 매장이나 남성 수제화 전문 매장, 고급 필기구 매장, 손목시계 매장, 사무용품 매장 등이 줄지어 들어섰다. 물론 그 틈틈이 오랜 전통을 자랑하는 골동품 가게나 미술품 갤러리도 많이 눈에 띈다.

파리에서 근무할 때 나는 특별한 미팅이 없는 자유로운 점심시간이면 이 부근 거리를 거닐며 윈도쇼핑을 즐기곤 했다.

바게트 샌드위치 하나를 입에 물고 상점 쇼윈도를 기웃거리며 이런저런 옷이나 장신구, 가구 소품 따위를 들여다보는 것은 파리에 사는 가장 큰 재미 중 하나다.

여느 때와 같이 나만의 산책을 즐기던 중 정감 있게 꾸민 한 여성복 가게 앞을 지나게 되었다. 가게 앞에는 '1+1=3'이라는 상호가 적혀 있었다. 상호만 봐서는 무슨 뜻인지 언뜻 와닿는 게 없었다. 옷가게 이름치고는 참 특이하다 싶었다.

나는 호기심에 이끌려 가게 안으로 들어갔다. 가게 안의 옷들은 그냥 평범한 여성복이 아니었다. 임신복 전문 매장이었다. 순간 나는 상호의 의미를 알아차렸다. 한 사람과 한 사람이 합해져 2명이 아니라 아이까지 3명이 된다는 의미였다.

너무나 파리다운 위트였다. 나는 이런 파리를 좋아했다. 파리 외교가 한복판에 고객이 극히 한정적일 수밖에 없는 임신복 전문 매장이 버젓이 들어서고, 근엄할 것 같은 주변 분위기에 치우치지 않는 유머러스한 상호를 내걸수 있다는 것은 분명 예사롭지 않은 일이다. 확실한 영업 방침이나 판매에 자신이 있지 않는 한 쉬운 일이 아니다.

이것은 곧 프랑스 엄마들이 사회적 제약이나 편견에 치우치지 않은 상태에서 자유로운 쇼핑을 할 수 있다는 걸 의미한다. 아울러 임산부로서 당당한 권리를 누리고 있다는 사실을 말해준다. 나아가 임산부는 곧 프랑스의 인구를 젊게 하는 데 기여함으로써 국가 경제에 직접적 영향을 미치는 중요한 사람이라는 점을 강조하는 것이다. 바로 이것이 프랑스 엄마들이 당찬 사회인으로 활약하는 이유다.

나를 꿈꿔야
네가 보인다

상당수 우리 엄마들은 착각 속에 살고 있다. 내 아이가 잘되는 것이 곧 내가 잘되는 것이라는 착각 말이다. '내 꿈은 바로 너야'라는 공식은 아이를 키우는 데 가장 위험한 발상이다. 아무리 내 아이가 소중하다 해도, 그래서 목숨까지 내어줄 수 있다 해도 결코 엄마가 해줄 수 없는 게 있다. 바로 아이의 삶을 대신 살아주는 것이다.

아이는 자신의 인생을 설계하는 밑그림을 스스로 그리고 디자인하고 색칠할 뿐만 아니라, 잘못 그린 그림을 지우고 다시 그릴 수 있어야 한다. 그래서 아이에겐 자기만의 꿈이 필요하다. 아이의 꿈이 엄마의 꿈이 될 수는 없다.

엄마가 자기 인생의 꿈을 스스로 행복하게 꿀 수 있을 때, 아이와 꿈을 주제로 한 대화가 가능하다. 바로 그럴 때 엄마는 아이와 인생 동반자가 될 수 있다. 엄마 스스로 꿈을 꾸고, 그 꿈을 이루기 위해 숱한 노력과 실패 그리고 좌절을 경험해봐야 아이를 이해할 수 있다. 그래야 아이의 특성과 장단점을 알게 되고, 비로소 진짜 내 아이가 보인다.

프랑스 엄마들은 아이에게 목숨을 걸듯 매달리지 않는다. 아이는 아이 자신의 인생을 살아야 한다고 생각한다. 그래서 성년이 된 자녀와 한집에서 같이 살지 않는다. 프랑스 아이들은 만 18세 성년이 지나서도 부모와 함께 사는 걸 엄청난 수치로 여긴다. 물론 부모들도 자기 아이가 그런 수치심을 지니고 살길 절대 원치 않는다. 그래서 대학에 입학하면 거의 대부분의 아이가 독립한다.

그때부터 엄마들은 아이의 사생활에 간섭하지 않고, 그렇게 아이는 자연스레 사회인으로 성장한다. 프랑스 엄마들의 자녀 사랑이 우리네 엄마들보다 덜해서가 결코 아니다. 각자 자기의 인생에 충실하고 각자의 행복을 추구할 때만 삶의 가치를 논할 수 있기 때문이다.

6-6
파업과 시위: 아이들에게
시민의 권리를 가르친다

프랑스가 지니고 있는 독특한 사회 문화 중 하나는 파업이다. 파업을 모든 노동자가 자신의 권리를 정당하게 행사하는 수단으로 여긴다. 사실 프랑스에 살면 바로 이 파업 때문에 불편할 때가 한두 번이 아니다. 그중에서도 일반 시민의 일상을 가장 불편하게 하는 직격탄은 바로 대중교통 파업이다. 지하철, 기차, 거기다 비행기까지 프랑스 근로자들은 걸핏하면 파업을 한다.

하지만 프랑스 사람들은 아주 자연스럽게 이런 행위를 받아들인다. 물론

"또야!" 하며 툴툴대긴 해도 이를 적대시하는 일은 없다. 파업을 하는 노동자들은 당연히 거리로 나선다. 그뿐만 아니라 다양한 시민 단체나 압력 단체도 자신들의 주장을 밝히기 위해 시위를 한다. 시위는 프랑스의 국민 스포츠라고 할 만큼 각광받는 수단이다.

모든 교육 시스템이 공교육인 체제에서 당연히 선생님들도 파업을 한다. 파업이라는 단체 행동에 돌입하기에 앞서 노조 측이 학부모에게 사전 공지를 해서 파업 기간과 파업 동기 등을 밝히는 것이 일반적 수순이지만, 때로는 소수의 교사 또는 단독으로 사전 예고 없이 시위를 하는 경우도 있다. 아침에 등교한 아이들은 자기 담임선생님이 혼자 피켓을 들고 교실 앞에 서서 1인 시위하는 모습을 종종 접한다.

이때 아이들의 반응은 아주 자연스럽다. 선생님 앞으로 다가가 아무렇지도 않게 인사를 건네거나, "선생님 파업하세요?" 하고 묻는다. 어떤 아이들은 파업 동기를 묻기도 하고, 어떤 아이들은 "본 샹스(행운을 빌어요)!" 하고 응원의 말을 건넨다. 선생님 또한 자연스럽게 "메르시(고마워)!"라는 한마디로 아이들의 관심에 화답한다.

이 모든 것은 아이들이 어려서부터 노동의 기본권 존중이라는 사회철학에 익숙하기 때문에 가능한 일이다. 아이들은 어른이 스스로의 권리와 자유를 맘껏 주장하고, 이것을 누리는 모습을 보며 자란다. 사회에서도 집에서도 부모는 이런 권리와 자유를 주장하는 데 차별을 두지 않는다.

정당하게 주어진 권리에 대해서는 가능한 범위 내에서 이를 맘껏 누리며 산다. 무턱대고 희생을 강요당하지도, 강요하지도 않는다. 각자의 권리와 자유를 존중하는 매너에 익숙하다. 그렇기 때문에 어떤 상황에서든 서로의 입장을 스스럼없이 당당하게 밝히고 옹호하는 토론 문화가 발전한 것이다.

어른의 명령에 아이들이 조금만 반대 의견을 제시해도 "쪼그만 것이 건방지게 어디다 말대답이야!" 하며 무시하는 우리네 모습은 프랑스에서 찾아보기 어렵다. 어른들끼리 자기 의견에 조금이라도 토를 달거나 반대하면 금방 싸움판이 되어버리는 모습과도 큰 차이가 있다.

마치 싸우는 것처럼 서로 언성을 높이면서 열심히 토론하는 사람들. 그런 문화 속에서 아이들은 자기주장을 논리적으로 역설하는 기술과 매너를 배워나간다.

6-7
빈티지 중고 의류 매장과
온라인 중고 명품 쇼핑몰

흔히 독특하면서도 스타일리시한 의상을 지칭하는 '빈티지(vintage)'라는 단어는 프랑스어의 'vendange'에서 파생한 것으로, 본래는 품질이 매우 우수하고 오래된 고급 와인을 이르는 말이었다. 지금은 오래된 고급 디자이너의 의상을 뜻하는 말로 변질되었지만 말이다.

1990년대를 전후해 뉴욕, 런던, 파리에서 동시 다발적으로 시작된 빈티지 패션은 고풍스러운 '패셔니스타' 의상이라는 의미를 지니며 확산되었다.

최근에는 자동차에까지 20세기 초에 유행했던 모델을 재현하는 빈티지 문화가 생겨날 정도다.

프랑스에서 빈티지 문화는 일종의 재활용을 의미한다. 즉 중고 물건을 다시 쓴다는 뜻이다. 마치 '재활용 헌장'을 존중하듯 '좋은 물건의 빛난 얼을 오늘에 되살려' 다시 쓰기 위한 사회 전반의 애티튜드에 해당한다.

우리는 흔히 '프랑스' 하면 에르메스, 카르티에, 샤넬 같은 명품 브랜드를 떠올린다. 전 세계를 주름잡는 명품 상당수가 프랑스 제품이다. 프랑스의 저력이 가장 부러울 때는 바로 이런 명품 브랜드에 대한 전 세계 여성들의 로망이 곧 국가 경쟁력으로 작용할 때다. 그렇다고 프랑스 여자들이 모두 다 그런 명품으로 치장하는 것은 물론 아니다. 당연히 대부분은 그런 엄청난 가격의 물건을 살 만한 재정적 능력이 없다.

어떤 이유에서든 럭셔리한 물건을 꼭 가져야만 하는 여성들은 오히려 중고 매장과 친하다. 세계 패션을 주름잡는 파리에도 시내 곳곳에 중고 매장이 있다.

우리나라에도 '명품 재테크'라는 말이 있다. 고가의 명품 핸드백을 중고 시장에 내놓아도 크게 손해 보지 않는다는 뜻이다. 그래서 명품에 대한 애정은 식을 줄 모른다. 하지만 이런 논리는 명품 핸드백을 사기 위해 엄청난 돈을 쏟아붓는 이른바 '지름신' 욕망에 대한 자기 합리화에 불과할지도 모른다.

프랑스에는 명품 핸드백, 의상, 액세서리를 판매하는 온라인 매장이 꽤 있다. '친구들의 옷장', '럭셔리 순간' 같은 이름의 온라인 매장은 명품 감정 전문가의 검증을 통과한 물건만 판매하기 때문에 짝퉁을 살 위험성이 일단 없다. 오프라인 중고품 매장의 경우는 온라인 전문 매장에 비해 물건도 다양하고 종류도 많지만 품질 보증 면에서는 복불복이라고 할 수 있다.

프랑스 여성들은 물건을 고르는 데 상당한 눈썰미가 있다. 그리고 자신의 개성을 돋보이게 할 줄 아는 요령도 있다. 그들은 도처에 있는 빈티지 중고 매장을 '알리바바의 보물 창고'라고 부른다. 쾌쾌한 냄새가 나는 오래된 옷들 속에서 브랜드와 스타일이라는 두 마리 토끼를 잘도 잡아낸다. 단골 매장 주인과 친해지면 자기가 원하는 브랜드의 물건이 들어올 때 개별적으로 연락을 받기도 한다. 그리고 이런 매장에 자기가 갖고 있는 소장품을 내다팔기도 한다. 물건이 팔리면 매장 주인에게 일정 금액을 커미션으로 주는 시스템이다.

프랑스 여성들은 이런 중고 매장을 드나들며 옷을 사 입는 생활 자체를 너무도 자연스럽게 받아들인다. 이는 엄청난 절약 정신에 의거한 생활철학이라기보다 빈티지 정신을 좋아하고 스스럼없이 대하는 자세 때문이다.

고가의 새 옷을 '깔맞춤'으로 차려입는 게 아니라 클래식과 캐주얼, 시크함과 편리함의 모든 요소를 믹스 매치해서 자신만의 빈티지 스타일을 즐기는 것이다. 그 속에서 당당하면서도 도도한 우아함을 연출한다.

그런 프랑스 여성들의 스타일을 일컬어 '무심한 듯 시크하다'는 표현을 종종 쓰지만, 사실 이는 숱한 노력과 시행착오를 거듭하며 적은 예산으로 최고의 가치를 만들어낼 줄 아는 재능이 키워낸 것이다.

프랑스 엄마 vs.
미국 엄마

프랑스 엄마들은 자기 인생에 대해서만큼이나 아이들을 대하는 태도도 진취적이다. 좀 더 용감하다고 표현해도 적절할 듯하다. 엄마들 스스로 독립심이 강하고 매사 자율적인 의사 결정에 따르는 만큼 아이들에 대한 교육 방식도 당연히 이와 비슷할 수밖에 없다.

프랑스 엄마들은 무슨 특별한 교육 방식, 어느 나라 엄마의 특출한 육아법 같은 것에 그다지 관심을 두지 않는 편이다. 그렇지만 육아 자체가 전 세계 모든 엄마의 공통된 관심사인 만큼 다른 나라 엄마는 어떻게 아이를 키우는지 이따금씩 비교하면서 위안을 삼기도 한다.

한때는 프랑스에서 덴마크식 교육 방식에 대한 책들이 유행한 적도 있다. 특히 교육학자들은 그중에서 프랑스 엄마들이 가장 배워야 할 덴마크식 교육법으로 '최후통첩을 하지 마라'는 부분을 꼽았다.

"너 한 번만 더 그러면 가만 안 둬!"

"지금부터 셋을 셀 때까지 그만두지 않으면 알지?"

이렇게 윽박지르는 것은 아이한테 지나친 압박감을 심어줘 스트레스로 작용한다는 것이다. 아마도 프랑스 엄마들의 유난히 단호한 육아 방식에 대한 일종의 경종 아니었을까 짐작한다. 그렇다 하더라도 전 세계적으로 볼 때 프랑스식 교육법을 벤치마킹하고 싶어 하는 엄마들이 더 많다는 것은 부인할 수 없는 사실이다.

프랑스 사람들도 미국으로 유학을 가는 경우가 점차 많아지고 있기는 하지만, 그렇다고 해서 미국 엄마들의 육아법에 관심을 보이는 경우는 거의 없다. 반면 미국 엄마들은 프랑스식 교육 방식에 많은 관심을 보인다. 한때 우리나라에서 프랑스 육아법 붐을 일으켰던 책도 실상을 들여다보면 미국 엄마가 프랑스에서 아이를 키우며 느낀 점을 쓴 것이다.

내가 미국과 프랑스에서 아이들을 키워보며 지낸 경험을 근거로 순전히 개인적인 두 나라 엄마들의 차이를 한 번 살펴보자.

	프랑스 엄마	미국 엄마
육아를 제외한 엄마의 최고 관심사	자기 가꾸기	집 가꾸기
아이가 크면 제일 먼저 가르치는 것	사랑	운전
최고의 보편적 가치	자유	박애
휴일에 아이와 같이하는 것	뮤지엄 방문	요리, 가드닝
도시락 준비	안 한다	선택
사교육에 대한 관심	거의 없다	많다
학부모 모임	없다	활발
저학년생 등하교	대부분 도보로 직접 데리고 간다	스쿨버스 또는 직접 운전해서 바래다준다
종교 생활	거의 없다	열심이다

아이들과 외식	격식 있게 자주 한다	격식 없이 자주 한다
중고품 이용	많다(벼룩시장)	많다(개러지 세일)
정치 참여	직접 많이 한다	기부금을 낸다
자녀 식단 조절	철저하다	거의 없다
자녀 방과 후 및 방학 기간 중 생활	학교에서 운영하는 활동에 맡긴다	주로 교회에서 운영하는 활동을 선택한다
사회 제도에 대한 이념	사회주의적 사고	자본주의적 사고
육아에 관한 사회 보장	사회보장제도 철저	자본주의적 제도에 근거
자녀에 대한 간섭	자율성 보장	적극 개입
다른 문화에 대한 개방성	매우 크다	다소 폐쇄적이다
의무적 자원봉사 활동	많지 않다	매우 적극적이다

어릴 때는 밤에 깨서 울지 않고 잠을 잘 자는 아이가 최고다. 아이가 한밤중에 깨서 울면 부부가 서로 옆구리를 찌르며 미룬다. 혹은 너무도 피곤해 머리를 베개 깊숙이 쑤셔 박으며 잠을 청하기도 한다. 하지만 대부분의 엄마는 아이를 안고 어르거나 배고픔 또는 기저귀 문제를 해결해준다.

프랑스 엄마들의 루틴은 좀 다르다. 갓난아이가 식사할 시간이 아닌데도 깨서 울면 절대 곧바로 안아주지 않는다. 일단 두고 본다. 대부분은 그렇게 두면 다시 잠든다. 그렇지 않고 계속 운다면 어디가 아프거나 뭔가 문제가 있다는 뜻이다. 그때 살펴봐도 늦지 않다. 만약 울음소리가 들리자마자 뛰어가 곧바로 안아주면 아이는 완전히 잠에서 깨고, 결국 자다가 안아주고 놀아주는 리듬에 금방 익숙해진다.

프랑스 엄마들은 아이를 놀이터에 데리고 나가면 혼자 놀게 두고 15미터 정도 떨어진 곳에서 지켜본다. 미끄럼틀 밑에서 아이를 받아주거나, 다른 아이가 밀치지 않게 감시하는 일은 절대 하지 않는다. 놀이터 한쪽에 앉아 책을 읽으면서 이따금씩 아이를 바라보는 정도의 역할만 한다. 아니면 같이 나온 또래 엄마들과 신나게 수다를 떨거나.

식단을 짤 때도 아이의 입맛이나 요구에만 맞추지 않는다. 그보다는 영양소와 모든 식구를 위한 복합적인 요소에 신경을 쓴다.

프랑스 엄마들은 한 템포 기다릴 줄 안다. 이것이 육아의 요령이고, 가족에게는 더없이 중요한 생활 리듬이 된다.

6-9
책 읽는 환경이
아이를 책벌레로 만든다

파리에서 지하철을 타면 가장 눈에 띄는 것이 포켓북을 읽고 있는 사람들이다. 한국을 다녀온 외국인에게 서울 지하철에서 가장 인상적인 것이 무어냐고 물으면 어김없이 일사분란하게 휴대폰에 머리를 박고 있는 사람들 모습이라고 답한다.

지하철에서 책을 읽는 것이 휴대폰으로 TV를 보거나 게임을 하는 것보다 교육적이고 보기 좋다는 사실은 누구나 알고 있다. 그럼에도 불구하고 친구끼리건 가족끼리건 너 나 할 것 없이 책을 멀리하고 휴대폰에 목을 매는 이유는 무엇일까.

그저 습관일 뿐이다. 특별한 철학이나 피치 못할 사정이 있는 게 절대 아니다. 그냥 책은 한 권을 며칠에 걸쳐 계속 읽어야 하지만 휴대폰은 아무거나 마음 내키는 대로 보다가 읽다가 놀다가 변덕을 부려도 전혀 상관없기 때문이다.

우리는 언제부턴가 지루함을 참지 못하는 성격으로 변해버렸다. 책 한 권을 읽고 느끼는 감흥을 음미하거나 책을 통해 습득한 지식을 내 것으로 만드는 일보다 심심풀이로 이것저것 인터넷이나 SNS를 기웃거리다 곧바로 잊어버리는 소모적 행위를 즐긴다. 그러면서도 아이들한테는 '독서'를 강요한다.

"TV 그만 보고 책 좀 읽어라!"

"넌 만날 휴대폰만 들여다보고 있으니 책은 언제 읽니?"

아이가 책 읽기를 바란다면 정작 엄마인 나부터 책 읽는 모습을 보여줘야 한다. 그리고 책을 읽을 수 있는 환경을 만들어야 한다. 책이 있는 장소와 친해질 수 있게 해야 한다. 이 모든 것에는 결단이 필요하다. 책 이외의 것들과 단절할 수 있는 결단, 그래서 심심함을 견디지 못해서라도 책을 찾을 수 있게 하는 결단 말이다.

아이는 심심해지면 더 이상 심심해지지 않기 위해 노력한다. 그것이 아이들의 본성이다. 스스로 놀이를 만들고 상상하고 재밌기 위해 애쓰게 되어 있다.

내 경우 줄곧 해외에서 아이들을 키우다 보니 한국의 실정에는 문외한 인 엄마가 되어버린 게 사실이다. 나도 계속 한국에서 아이들을 키웠다면 여느 한국 엄마처럼 사교육과 조기 교육에 열을 올리며 극성을 떨었을지도 모른다.

외교관이라는 직업 특성상 줄곧 여기저기 옮겨 다니는 떠돌이 인생을 살다 보니 아이들은 강제로 매번 새로운 나라에서 낯선 환경에 적응해야 하고, 친구도 오래 사귀지 못하는 어린 시절을 보내야 했다. 한국의 또래 아이들에 비해 각종 전자기기를 비롯한 이른바 하이테크 문화를 접할 기회도 적었다. 덕분에 그 흔한 닌텐도 같은 게임기 한 번 만져보지 못하고 컸다. 여흥이라고는 애기 적부터 자주 보던 〈텔레토비〉 비디오가 고작이었다.

프랑스 학교에서는 일주일에 한 번씩은 다 같이 미술관이나 박물관 견학을 가거나, 학교 부근 공원에서 피크닉을 하거나, 수영장 같은 곳에서 체육 활동을 한다.

그 정도의 액티비티가 전부일 거라고 생각하며 자라온 큰애에게 엄청난 문화 충격이 다가왔다. 이 쑥맥이 하이테크의 짜릿함을 알게 된 것이다. 파리에서 중학교에 다니던 어느 날 '아이팟(i-Pod)'을 사겠다고 했다.

수년 동안 엄마 등을 밀어줄 때마다 1유로씩 받은 돈, 이따금씩 이모들이 다녀가면서 준 용돈, 또 아주 가끔이지만 친한 가족들끼리 모임에서 베이비시터 역할을 한 수고비로 아줌마들한테 받은 돈 등을 모아 '재산'을 불린 큰애는 내게 인터넷으로 주문만 해달라고 부탁했다.

학교 친구들이 모두 갖고 있으니 자기도 그 트렌드를 따라야겠다는 논리였다. 이미 인터넷 검색도 마친 상태였다. 나는 아이의 첫 셀프 쇼핑을 아무 생각 없이 수락했다. 몇 년 동안 착실히 모은 돈으로 사겠다는 것도 기특한 데다 학교 친구들이 모두 아이팟을 갖고 있는 마당에 혼자만 너무 동떨어져 사는 것도 썩 좋지만은 않다는 생각에서였다.

큰애는 세상에서 제일 큰 보물을 가진 것처럼 기뻐했다. 이어폰을 귀에 꽂고 음악을 흥얼거리는 아이의 모습이 무척 생경하면서도 '저렇게 커가는가 보다' 하는 대견함이 종종 밀려오기도 했다. 친구들과 채팅도 하고, 음악도 공유하고, 이것저것 서치도 하며 아이는 이 조그만 IT 기기를 만끽했다. 큰애가 이렇게 자기만의 세계로 빠져드는 동안 동생은 언니와의 확실한 단절을 절감하며 부러운 눈으로 바라보곤 했다.

한국으로 돌아와 중학교에 다니면서도 큰애의 아이팟 사랑은 식을 줄 몰랐다. 밤늦게까지 음악을 듣고 친구들과 채팅을 하느라 바빴다. 학교에서 제대로 알아듣지도 못하는 국어, 국사, 사회 같은 과목을 공부하느라 머리가 아프고 기운이 없다면서도 밤마다 아이팟과 함께 보내는 시간은 계속됐다.

이런 큰애를 보며 애 아빠는 툭하면 그 기기를 사준 분별없는 엄마를 탓했다. 아이가 자신도 모르는 사이 아이팟에 중독되어가고 있다면서 말이다.

무엇보다 큰애 자신이 아빠의 이런 논리에 공감하고 있었다. 아무리 책상 앞에 앉아 끙끙거려도 학업 능률이 오르지 않는다는 사실을 깨달은 거였다. 그것이 온전히 아이팟 탓이라고는 누구도 말하지 않았지만 그 자체가 집중력을 흐트러뜨리고 무엇보다 너무 많은 시간을 잡아먹는다는 사실만큼은 분명했기 때문이다.

애 아빠는 큰애에게 특정 과목을 공부하는 방법과 자기를 관리하는 법, 학업이라는 긴 마라톤에서 어떤 식으로 인풋을 지속할 수 있는지 같은 원론적인 이야기를 자주 들려준다. 나는 그때마다 아이가 그런 이야기를 과연 다 알아들을 수 있는지 의문이라 그다지 탐탁해하지 않았다. 하지만 아빠와 딸 사이에는 내가 끼어들 수 없는 무언의 공감대 같은 것이 이미 형성되어 있었다. 둘은 종종 밤늦게까지 뭔가에 대해 열띤 토론을 벌이곤 했다. 이런 종류의 토론에 참가한 적이 없는 나로서는 남편이 꼼꼼하고 치밀하고 소심한 자기 성격을 꼭 빼닮은 큰딸한테 자신의 경험을 거울삼아 이것저것 조언하는 것이라고 짐작할 뿐이었다.

그러던 어느 주말, 아이들은 여느 때처럼 할머니 댁에 갔다. 일요일인 다음 날, 일이 있어 사무실에 들렀다가 돌아오는 길에 아이들을 데리러 갔다. 아이들과 함께 막 집을 나오려는데, 큰애의 아이팟이 피아노 위에 놓여 있는 것이 보였다.

"세린아, 아이팟 잊어버렸네. 웬일이니, 저걸 다 깜빡하고."

"엄마, 그냥 두세요. 안 가져갈 거예요."

"왜?"

"그냥요. 할머니 댁에 둘 거예요."

"……."

나는 더 이상 묻지 않았다. 아이는 아이팟을 할머니 댁에 놓고 오는 것으로 일차적인 자기 관리에 들어갔다. 옆에 두고서는 도저히 기기에 손을 대지 않을 수 없다고 스스로 판단한 것이다. 주말마다 아이팟을 다시 만나 일주일 동안의 회포를 모조리 푸는지는 몰라도, 어쨌든 그렇게 큰애는 스스로를 조이기 시작했다.

2년 가까이 애지중지하던 기기와의 결별도 결별이려니와 무엇보다 혹

독한 단절을 자기 혼자 결심했다는 사실 자체가 놀라웠다. 엄마와 함께 운동하러 갈 때면 예전에 쓰던 MP-3를 챙겼다. 운동하는 동안에만 음악을 듣는 것이니 별도의 시간을 들이거나 스트레스를 받을 이유도 없다. 큰애는 점차 자기만의 공부 페이스를 찾기 시작했다. 할머니 댁에 놓아두고 온 그날 이후 단 한 번도 아이팟을 다시 가져오지 않았다. 그리고 아이팟을 남겨둔 채 다시 서울을 떠났다.

중학교 2학년 아이가 공부와 놀이 사이의 균형과 리듬을 찾기 위해 자신의 소중한 물건, 게다가 또래 아이들과의 소통 수단이기도 한 물건을 스스로 버린다는 것은 대단한 용기라고 할 수 있다.

무엇보다 중요한 것은 구입부터 버리기까지 모든 결정을 아이 스스로 했다는 사실이다. 이 모든 과정이 아이한테는 그 무엇보다 소중한 경험이 되었을 것이다.

그 뒤로 우리 집은 그 흔한 게임기 하나 없는, 철저한 아날로그 방식을 이어나갔다. 무엇이 옳은 것인지는 나도 알 수 없다. 하지만 아무튼 그냥 그것이 우리 집의 고유한 문화로 자리 잡았다.

다시 해외 근무를 나가면서 사실 나는 큰애 몰래 아이팟을 가지고 갔다. 잘 숨긴다고 숨겼는데, 1년쯤 지난 어느 날 무슨 물건을 찾는다고 여기 저기 뒤지던 아이가 그걸 발견했다. 큰애는 그걸 왜 가져왔냐며 화를 냈다.

"네가 화를 내는 걸 보니 아직 미련이 남아 있는 모양이구나."

"그게 아니에요, 엄마. 그때 힘들었던 게 생각나 너무 괴로워서 그래요."

"과거는 과거일 뿐이야. 앞으로도 그런 괴로운 경험을 많이 할 텐데, 그 정도 가지고 괴롭다고 하면 안 되지."

"엄마, 이거 버리면 안 돼요?"

"알았어. 버릴 테니 걱정 마."

큰애는 정말 괴로운 듯했다. 거실 바닥에 누워 얼굴을 두 손으로 가리고 한참을 그대로 있었다. 처음 보는 모습이었다.

아이는 그렇게 성장할 것이다. 실수를 하고 뉘우치면서, 실수를 되돌아보면서, 실수를 되풀이하지 않기 위해 애쓰면서. 아이가 자신의 삶을 만들어가는 이 과정에서 엄마가 해줄 수 있는 것은 없다. 그냥 지켜보고 보듬어주고 사랑해주는 것밖에는.

6-10
책이 장난감이
되어야 한다

큰애는 태어나자마자 외조부모님의 각별한 배려와 사랑 속에 자랐다. 여느 우리네 부모님과 마찬가지로 젊어서 4남매를 내리 낳고 바쁜 일상에 쫓겨 당신이 원하는 만큼 아이들에게 많이 신경을 못 썼다고 생각하는 친정엄마는 환갑이 넘어 얻은 유난히 차분하고 조용한 첫 손녀에게 온갖 정성을 다 쏟으셨다.

워낙 독서를 좋아하고 찬찬한 성격의 친정엄마는 손녀의 교육을 위해 갓난아기 때부터 갖가지 종류의 그림책을 읽어주기 시작했다. 아이가 말귀를 알아듣고 기어 다니기 시작할 무렵부터는 여러 권의 그림책을 벽에 죽 세워두고 아이가 자나 깨나 책에 둘러싸인 환경을 만들어주셨다.

"세린이가 책 제목과 내용을 다 안다니까!"

나는 엄마의 말씀이 아이를 무조건 추켜세우는 팔불출 같은 자랑이라며 타박했다.

"정말이야, 진짜 한 번 볼래? 세린아, 《곰 세 마리》 책 읽자. 《곰 세 마리》 가져와!"

할머니의 말씀이 떨어지기 무섭게 아이는 쏜살같이 기어가 빨간색 표지에 새끼 곰들이 귀엽게 그려진 그림책을 가져와 할머니한테 내밀었다.

"우리 세린이 정말 잘했네~ 할머니가 읽어줄게!"

아이는 꼼짝도 하지 않고 할머니가 읽어주는 책에 집중했다. 아이의 특이한 관심에 재미를 느낀 내 동생들까지 저마다 이런저런 그림책을 사다가 틈만 나면 읽어주곤 했다. 아이에게는 책이 첫 장난감이었다.

프랑스로 와서 전적으로 육아를 떠맡으면서 아이의 책 읽는 습관은 무던히도 나를 괴롭혔다. 밤만 되면 책을 들고 와 읽어달라고 했다. 책을 읽어주다 보면 아이의 눈은 점점 더 말똥말똥해지고, 나는 쏟아지는 잠을 주체 못해 매일 밤 고문을 당하는 수준이었다. 어쩌다 두 페이지가 한꺼번에 넘어가 그것도 모르고 그대로 읽을라치면 아이는 "엄마, 거기 아니야. 틀렸어!" 하며 여지없이 매몰찬 지적을 했다.

아이는 내가 읽어주는 동화책 내용을 모조리 외우고 있었다. 자기 입으로 외워서 말하지는 못해도 다른 사람이 읽어줄 때 한 글자라도 틀리면 곧바로 찾아냈다. 할머니와 이모가 파리에 와서 한두 달씩 머물 때 집에 있는 모든 동화책을 이미 몇 번씩 읽어준 터였다. 그러니 졸면서 읽어주는 나는 책 내용도 모르는 바보 엄마 꼴이 되곤 했다.

하지만 내게는 할머니나 이모가 해줄 수 없는 나만의 카드가 있었다. 바로 프랑스어 동화책이었다. 아이는 엄마와 함께 그림책을 같이 들고 누워서 그림에 대한 이런저런 이야기를 나누는 것도 좋아했다. 내가 동화책에 나오는 동물 흉내를 내면 평소 뚱한 성격답지 않게 유난히 즐거워했다.

시간이 지나 튀니지에서 미국 학교에 다니기 시작하면서 예기치 못한 문제가 발생했다. 영어 선생님은 거의 매일 독후감 숙제를 내주었다. 짧은 책 한 권을 읽고 독후감을 써 내야 했다. 처음에는 아이가 영어에 익숙해질 때까지 시간이 필요하다는 생각에 별다른 간섭을 하지 않았다. 아이는 학교 다니는 걸 재미있어했다. 학교에 재미를 붙이는 것이 무엇보다 중요한 만큼 나는 아이를 그대로 내버려두었다.

2학년이 시작되고 얼마 지나지 않은 어느 날 우연히 아이의 독후감 숙제 노트를 보았다.

2006년 10월 1일
재미있었다. 주인공이 불쌍했다.

2006년 10월 4일
재미있었다. 나도 주인공처럼 되고 싶다.

아이는 거의 매일 이렇게 달랑 몇 줄로 아무 내용도 없는 독후감을 썼다. 책 내용을 물어봤더니 거의 대답을 못했다. 책을 읽지 않은 게 뻔했다. 한두 페이지 들여다보면 주인공의 이름을 알 수 있고 마지막 페이지를 보면 내용을 대충 추정할 수 있는 동화의 허점을 이용한 것이다. 너무 방치한 탓에 요령만 터득한 듯했다.

아이를 호되게 나무란 다음, 그날부터 감시 체제를 가동했다. 숙제로 받은 책을 읽고 일단 그 내용을 말로 설명하게 했다. 무엇을 느꼈는지, 어떤 점이 재미있는지 묻기도 했다. 그러고 나서 독후감을 쓰도록 했다. 독후감에는 어떤 내용을 담아야 하는지도 가르쳤다. 갑자기 바뀐 독후감 양식에 놀랐는지 영어 선생님은 노트에 일일이 코멘트를 달아주었다.

"선생님도 셀린과 동감이야. 우리 주인공처럼 씩씩하게 지내도록 함께 노력해보자! 오늘 셀린의 이야기 정말 재미있었어."

"주인공이 왜 그렇게 슬퍼했는지 알 것 같지 않니? 세상에서 형제를 잃는다는 것만큼 불행한 일이 또 있을까? 선생님도 너무 마음이 아팠어."

선생님의 정성 들인 피드백에 영감을 얻은 아이는 독후감에 더욱 열의를 보였다. 이렇게 몇 달을 계속하면서 아이는 책에 대한 흥미를 스스로 깨달았다. 책에 대해 비평하고, 그걸 통해 다른 사람과 소통할 수 있다는 사실도 알게 되었다.

그렇게 큰애는 아기 시절 각별했던 책에 대한 관심을 되찾았다. 그리고 서서히 책벌레가 되어가기 시작했다. 다시 프랑스로 왔을 때는 학교 도서관에서 책을 한 보따리씩 빌려 읽곤 했다.

주로 판타지 모험 소설이었지만 책의 장르에 대해서는 일절 참견하지 않았다. 어차피 학교에 있는 책은 아이들의 연령에 맞게 구분되어 있고, 자기들이 읽은 책에 대해 친구들과 이야기도 나눌 테니 말이다. 무엇보다 굳이 책 종류에 대해서까지 이래라저래라 하고 싶지 않았다.

내 어릴 적 경험에 비추어 크게 이상한 내용이 아닌 한 어차피 책은 닥치는 대로 읽는 게 좋다고 생각했다. 학교에서 방학 동안 필독 도서 목록을 내주면 그중 꼭 읽어야 할 몇 권만 추천하고 그 외에는 아이 마음대로 읽도록 내버려두었다.

고등학생이 되어서도 큰애는 여전히 책에 열중했다. 좋아하는 게 분명한지라 생일이나 크리스마스 선물로 뭘 사줄까 고민하지 않아도 되어 참 편리했다. 나 같은 불량 엄마에게는 더없이 훌륭한 딸이다.

미국에 와서 처음 맞은 크리스마스 선물로 엄청나게 두꺼운 《세계 과학 대전》과 오르골을 골랐다. 책은 아이가 좋아해서, 뚜껑을 열면 귀여운 동물들이 줄지어 스케이트를 타며 돌아가는 오르골은 공부할 때 잠시 머리를 식히면 좋겠다 싶어 고른 것이었다.

연대순으로 인간의 발명품과 과학 기술의 발전상을 사진과 함께 세밀하게 기록한 책을 받아든 아이는 매우 기뻐했다. 겨울 휴가 때도 그 두꺼운 책을 들고 나섰다. 둘째 녀석까지 덩달아 언니와 함께 책을 들여다보며 연신 알량한 과학 상식을 늘어놓곤 했다.

미국 학생들은 의무적으로 봉사 활동을 해야 한다. 한 학년 동안 학교에서 정한 봉사 시간을 채워야 한다. 큰애는 주로 동네 도서관에서 봉사 활동을 했는데, 동네 도서관이라고 부르기엔 너무나 버젓이 차려놓은 멋진 커뮤니티 서비스 장소였다. 하루 봉사는 2시간을 넘기지 못한다. 할당 시간만을 채우기 위해 한꺼번에 몰아치기로 하는 것을 방지하기 위함이다.

첫째가 주말마다 도서관 봉사를 갈 때면 둘째도 함께 따라나섰다. 언니와 함께 도서관으로 향하는 둘째의 뒷모습은 유난히 의기양양해 보였다. 언니가 도서관에서 책을 구분하고 정리하는 동안, 둘째는 열람실에서 책을 골라 읽었다.

봉사 2시간에다 자기 책을 대출하는 데 걸리는 30분 정도를 더해 2시간 반 동안 도서관에서 보내다 집으로 돌아온 아이들 가방에는 책이 한가득이었다. 첫째가 읽는 책은 이제 무척 다양해졌다.《폭풍의 언덕》,《노인과 바다》같은 고전은 물론이고 천문학, 지질학, 식물학, 여행 서적도 있다. 둘째도 언니를 따라 나름 책벌레 흉내를 낸다.

"엄마, 오늘 도서관에서《Unmasked Lincoln》이라는 책을 봤어요. 제목이 특이하지 않아요?"

"그러게. 언제 링컨이 마스크를 쓰고 있었나 보지?"

"엄마는…… 뭐예요~"

"하하하, 엄마한테 당했지? 메롱~"

독서에 별다른 취미가 있지도, 차분한 성격도 아닌 둘째가 빌려오는 것은 주로 요리책과 위인전이었다. 세계 각국의 위인전을 섭렵하면서도 둘째의 장래 희망은 시종일관 요리사다. 나는 둘째가 그나마 자신이 좋아하는 분야의 책을 들여다보는 것만으로도 충분하다고 생각한다. 어차피 뭐든 읽는 습관을 들여야 다른 책도 보게 될 테니 말이다.

아이들에게는 거쳐야 할 단계가 있게 마련이다. 부모가 조급해한다고 그 단계를 건너뛸 수도, 앞당길 수도 없다. 결국 인내심을 잃고 힘들어하며 상처받는 것은 부모다. 부모가 아이의 인생을 대신 살아주지 못하는 것처럼 아이의 취미도 취향도 흥미도 억지로 심어줄 수는 없다.

아이를 관심 있게 눈여겨보고 대화를 나누면서 아이가 정말 좋아하고 또 하고 싶어 하는 일이 무엇인지 찾아내는 것만이 정답이다.

6-11
아이들을 위한 동기 부여:
생활 속 프로젝트

한국에서는 보습 학원, 피아노 학원, 미술 학원처럼 아이들 사교육을 위한 모든 것이 집 주위에 포진하고 있어 편리하기 이를 데 없지만, 외국에 나오면 이 모든 것을 포기할 수밖에 없다. 일단, 없기 때문이다.

내가 우리 아이들에게 시킨 유일한 사교육은 피아노 교습이다. 무엇보다 이것마저 안 시키면 엄마로서 자녀교육을 완전히 방치한다는 가책을 느낄 것 같았기 때문이다. 또 피아노는 독학으로만 배울 수 있는 게 아니므로 최소한 악보를 보며 혼자 칠 수 있을 정도는 가르쳐주고 싶었다. 물론 나중에 아이들한테 피아노도 안 가르쳐줬다는 원망을 들을지 모른다는 두려움도 약간 있었다.

한국에서 지낼 때 아이들은 나란히 피아노 학원에 다녔다. 뭐든 열심인 큰애는 피아노도 자기한테 주어진 과제처럼 여겼다. 이 나라 저 나라 옮겨 다니는 동안 전자피아노는 프랑스를 떠나면서 아는 사람한테 줘버려 서울 집엔 정작 피아노가 없었다. 이사 다닐 때마다 자꾸 늘어나는 짐이 늘 처치 곤란이었던지라 피아노는 아예 구입할 생각도 못하고 지냈다. 큰애는 학원에서 레슨이 끝난 후에도 열심히 연습을 하고 돌아왔다.

"너 연습하는 동안 세아는 뭐 하니? 세아도 같이 연습할 것 같지는 않은데."

"쟤는 다른 애들하고 놀아요. 아유, 정말 창피해 죽겠어요. 남자애들하고 어울려서 시끄럽게 논단 말이에요."

"연습을 좀 하라고 타이르지 그러니."

"아무리 얘기해도 소용없어요. 길에서도 내 손을 안 잡겠다며 뿌리치고 자기 혼자 뛰어가고 그래요."

"세린이가 고생이 많구나. 그래도 하나밖에 없는 동생이니까 네가 잘 데리고 다니렴."

그리고 얼마 후 미국으로 발령을 받았을 때 중고 전자피아노를 샀다. 키보드만 있는 거라 다리 위에 얹어놓으면 아이들 키에 맞지 않게 좀 높았다. 큰애는 피아노를 어느 정도 치는 수준이라 공부하다 머리를 식히고 싶으면 이런저런 곡을 연주하곤 했다. 하지만 둘째는 언니의 피아노 실력을 질투만

할 뿐 연습이고 뭐고 완전히 남의 이야기처럼 들었다.

그렇게 몇 달이 지날 즈음, 아이들에게 한 가지 제안을 했다.

"애들아, 크리스마스 때 할머니가 오신다고 했잖아. 그러니까 우리가 할머니 환영 파티를 한 번 생각해보자. 할머니만을 위한 피아노 콘서트가 어떨까? 너무 근사할 것 같지 않니? 각자 연주할 곡은 너희들이 직접 선택해. 할머니가 '아드린느를 위한 발라드'를 좋아하시니까 세린이가 그걸 치면 어떨까? 세아는 '엘리제를 위하여' 칠 수 있지? 그거하고 또 다른 거 하나씩 골라보자."

아이들은 의외로 적극적이었다. 그리운 할머니를 위해 직접 환영 콘서트를 연다는 것만으로도 설레는 모양이었다. 그날부터 두 녀석 모두 맹연습에 들어갔다. 첫째는 자기가 좋아하는 모차르트 곡을, 둘째는 '금지된 장난'을 골랐다.

물론 꾀 많은 둘째 녀석은 엄마가 자기한테 피아노 공부를 시키기 위해 일부러 콘서트라는 프로젝트를 만들어냈다는 사실을 곧바로 알아차렸다. 하지만 할머니를 기쁘게 해드리고 싶다는 열정에 찬물을 끼얹었을 정도는 아니었다.

구체적인 목표가 생기자 아이들은 언제까지 준비를 마쳐야 하는지, 그러기 위해서는 연습을 얼마나 해야 하는지, 리허설은 어떻게 할지 등의 로드맵을 그렸다. 이제 남은 것은 실전뿐이었다. 저녁에 퇴근해서 집에 들어서자 둘째가 나를 잡아당겼다.

"엄마, 제가 비디오를 만들었어요. 한 번 보세요~"

아이는 완전 들떠 있었다.

"무슨 비디오?"

"언니가 어제 밤새 비디오를 만들더라고요. 무슨 시를 읽는다나, 뭐 그런 건데요, 영상도 있고 멘트를 직접 시로 읽는대요. 그래서 저도 비디오를 하나 만들었어요."

"참 부지런하네. 알았어, 틀어봐. 뭐 관람료 받고 그러는 거 아니지?"

"하하, 엄마는 그냥 무료로 보게 해드릴게요."

"오케이!"

제목은 'Junk Food'였다. 'made by Cea'라는 문구도 당당하게 쓰여 있었다. 정크 푸드가 얼마나 몸에 해로운지 그리고 운동을 왜 해야 하는지 등을 설명하며 건강 상식 영상과 함께 배경 음악도 넣은, 제법 그럴듯하게 만든 3분 남짓한 동영상이었다. 마지막에는 "건강을 위해 다 같이 사탕 대신 사과를 먹읍시다"라는 교훈까지 남겼다.

"와~ 정말 훌륭한데. 언제 이런 걸 다 만든 거야? 아주 멋져. 자, 그럼 오늘 저녁은 다 같이 사과를 먹읍시다!"

"엄마, 저 배고픈데요."

"그럼 세아만 밥 먹고 다른 사람은 모두 사과를 먹지 뭐."

둘째와 주고받는 농담은 늘 경쾌하다. 아이 성격이 화끈하기도 하거니와 내가 좀 심한 농담을 해도 기분 상해하거나 불편해하는 법이 좀처럼 없기 때문이다. 하지만 이런 관계는 어디까지나 엄마인 나하고 사이에서만 가능하다는 사실을 나는 좀 나중에 알았다. 자기 친구들과는 아무것도 아닌 일로 자존심 싸움을 하고, 때로는 변덕스럽게 친구를 바꿔가며 지냈다. 하지만 나는 아이의 친구 관계에 대해 말을 아꼈다. 그 또한 성장 과정의 일부이기 때문이다.

나는 둘째에게 할머니를 위한 프로젝트를 한 가지 더 추가하자고 제안했다. 우리가 미국에 와서 그동안 찍은 사진을 골라 슬라이드 형식으로 할머니 앞에서 상영하자는 것이었다.

고개를 갸우뚱하며 뭔가 생각에 잠기는 듯한 모습에서 나는 둘째가 엄마 말이 떨어지기 무섭게 이미 머릿속으로 뭔가를 구상하며 아이디어를 떠올리고 있다는 사실을 알아차릴 수 있었다.

엄마를 닮아 성질이 급한 둘째는 아마도 오후 한나절 끙끙거려가며 슬라이드를 만들어낼 게 분명했다. 할머니가 무슨 배경 음악을 좋아할지도 열심히 궁리할 것이다. 영어로 하면 할머니가 못 알아들을 수 있으니 한국어로 하자고 할 게 틀림없다. 그리고 언니와 이런 디테일에 관해 의논하며 수없이 티격태격할 것이다.

물론 그 자체가 프로젝트의 한 부분이었다. 어차피 둘이서 의견 일치를 보아야 한 가지 주제를 정해 슬라이드를 만들 수 있을 테니 말이다.

아이들이 어떤 작품을 완성할지 정말 궁금하다. 아이들은 어른 관점에서는 생각할 수 없는 전혀 다른 눈을 가졌다. 아이들의 프리즘은 어느 방향으로 굴절될지 예측 불가능하다. 그것이 바로 아이들이 가진 최고의 매력이다. 어른은 아이들이 매력을 발산하고 그 자체를 즐길 수 있도록 약간의 계기만 마련해주면 된다. 지하 깊은 곳에서 물을 끌어올리는 데 필요한 마중물은 딱 한 바가지면 족하다.

세상에서
가장 아름다운 도서관

얼마 전 가까운 지인 한 분이 스위스 여행을 하며 세상에서 가장 아름다운 도서관을 방문했다는 이야기를 해주었다. 바쁘게 여기저기 끌려 다니다시피 하는 패키지여행이 아니라 나이가 들어 비슷한 연배의 친구들과 함께 여유롭게 도서관과 미술관 등을 천천히 둘러보던 중 고색창연한 한 도서관 건물에 매료되었다는 것이다. 지인은 그 도서관의 건축 양식이며 손때로 반질반질해진 앤틱 가구, 종이 냄새와 장정의 아름다움을 음미하며 모처럼 만의 여유를 만끽했다고 했다.

화려한 건물과 서고에 가득한 책, 천장에 그려진 벽화, 사방에 장식한 조각이 스위스의 아름답고 평화로운 풍경과 한데 어우러져 말 그대로 세상에서 가장 아름다운 장소로 각인되었다면서 말이다.

그 말을 듣자 문득 한 곳이 떠올랐다.

북아프리카 알제리의 영토 대부분을 차지하고 있는 사하라사막에 위치한 메마른 국경 도시 '타마란세트'를 출발해 호가르산맥 정상에 오르면 해발 2780미터의 '아세크램'이라는 곳이 나온다. 이른바 사하라사막의 원천이다.

사하라사막은 온통 모래 천지일 것이라고 믿어 의심치 않는 우리에게 이곳은 그야말로 충격 그 자체다. 모래는 거대한 돌덩어리가 바람에 깎이고 깎여 부서진 것이라는 엄연한 진실 앞에 너무나 보잘것없는 나 자신을 돌아보게 되기 때문이다. 그리고 우리가 이른바 상식이라고 알고 있는 것들이 한낱 선입견에 불과하다는 걸 적나라하게 일깨워주기 때문이다.

이곳은 온통 돌뿐이다. 크기와 모양과 색깔에 차이가 있을 뿐 사방 어디를 둘러봐도 돌밖에 없다. 땅 밑에서 하늘로 곧장 치솟은 기암괴석도 있고, 아무렇게나 나뒹구는 돌멩이도 있다. 주변 모든 것이 돌덩이다. 가도 가도 돌만 나온다. 끝없이 펼쳐진 돌무덤이다.

사하라사막의 원천은 그리 쉽게 방문객을 받아주지 않는다. 사륜구동 자동차에 몸을 얹고 마치 로데오를 하듯 덜컹대며 먼지를 한 바가지 뒤집어써야 한다. 돌에 치여 펑크 난 타이어를 갈아가며 70킬로미터 남짓한 거리를 올라가는 데만 하루가 꼬박 걸린다. 아예 작정하고 걸어가는 것이 훨씬 마음 편할 정도로 어마어마한 인내심을 요하는 여정이다. 어쩌다 만나는, 낙타를 타고 지나가는 원주민들이 부럽기만 하다.

겨우 도착한 정상 바로 아래에는 허름한 대피소와 텐트 몇 개를 칠 수 있는 평평한 공간이 있다. 거기서 다시 가파른 계단으로 숨을 몰아쉬며 20여 분 올라가면 드디어 호가르산맥의 모든 산봉우리가 내려다보이는 정상에 이른다. 뾰족한 봉우리에서 서쪽을 향해 서면 광활한 사하라의 석양을 볼 수 있고, 반대로 돌아서 동쪽을 향하면 일출을 볼 수 있다. 방향만 바꾸면 그 자리에서 일출과 일몰을 모두 감상할 수 있다는 얘기다.

서서히 지는 해가 만드는 그림자에 따라 시시각각 펼쳐지는 발아래 풍경은 지구가 아닌 우주의 어느 분화구를 떠올리게 한다. 태초에 생긴 지구가 이런 모습 아니었을까 상상해본다.

이윽고 해가 지고, 칠흑 같은 어둠 속에서 올려다본 하늘엔 빈 공간이 하나도 없다. 하늘 전체가 반짝인다. 촘촘하게 박힌 별들이 비처럼 금방이라도 쏟아져 내릴 것만 같다.

바로 그 곳, 천지창조의 근원일 것만 같은 '아세크렘' 꼭대기에는 아무렇게나 생긴 돌을 차곡차곡 쌓아 만든 아주 작고 오래된 움막이 하나 있다. 프랑스 출신 '푸코' 신부가 1904년부터 1916년까지 58세의 나이로 죽음을 맞이할 때까지 기거했던 곳이다. 허리를 굽혀 겨우 안으로 들어가면 상상도 못했던 냄새가 훅하고 코를 찌른다. 바로 오래된 책 냄새다.

움막 한쪽에 수십 년, 아니 100년도 훨씬 넘은 고서들이 차곡차곡 꽂혀 있다. 서쪽으로 난 손바닥만 한 창을 통해 들어온 노을빛이 책들을 어루만진다.

푸코 신부가 움막에 거처하면서 수도하는 동안 가톨릭 교구를 다녀올 때마다, 또는 이따금씩 필요한 식량을 가져다주는 신도들을 통해 하나씩 둘씩 모은 책이다. 아무리 식민지 시대라고는 하지만 이슬람 국가인 알제리의 영혼과도 같은 사하라사막 최정상에 돌로 움막을 짓고 생활하며 포교 활동을 했다는 사실이 눈으로 보면서도 도저히 믿기지 않는다. 21세기인 지금도 다가가기 어려운 오지에 말이다.

문명의 흔적이라곤 찾아볼 수 없는 광활한 사하라사막 한가운데 우뚝 솟은 해발 약 3000미터의 거대한 돌산 꼭대기. 휘몰아치는 모진 바람이 돌을 깎아 사하라의 모래알을 만드는 그곳의 작고 작은 움막 한쪽에 신부가 15년에 걸쳐 모은 책들의 안식처가 있었다. 내게는 이곳이야말로 세상에서 가장 아름다운 도서관이었다. 바로 그곳에서 푸코 신부는 자신의 거처인 '아세크램'에 대해 이렇게 썼다.

"이곳에는 너무나 멋진, 아니 환상적인 풍경이 펼쳐집니다. 발아래로는 야성적이고도 희한하게 생긴 봉우리들이 온통 얼키설키 솟아 있지요. 북쪽이고 남쪽이고 온통 다 그렇습니다. 조물주를 찬양하기엔 최고로 아름다운 장소입니다."

배고픔을 겪어본 사람만이 배부름의 행복을 알 수 있듯 열악한 환경에 처해본 사람만이 그 아픔도 이해할 수 있다. 너무 풍족한 것에, 너무 배부른 것에, 너무 편안한 것에 만성이 된 아이들에게 어떤 것이 피가 되고 살이 될지 현명한 엄마의 판단만이 답을 찾을 수 있다.

세상에서 가장 아름다운 도서관은 현란한 조각과 장식, 값비싼 장정과 조명으로 둘러싸여 책 자체가 아니라 그곳을 드나드는 사람들의 자만심을 채워주는 장소가 결코 아니다.

긴긴 날들을 인적이라고는 찾아볼 수 없는 사하라사막의 산꼭대기에서 고난과 벗하며 삶의 소중함을 함께 나눈 허름한 책들. 우리의 호흡을 자극하는 퀴퀴한 냄새로 채워진 그 공간이 바로 세상에서 가장 아름다운 도서관이다.

부록

●

언어는 모방으로 시작한다. 누군가의 발음, 입 모양, 문장 그리고 말하는 방식을 흉내 내는 것에서 출발해 더 이상 흉내 낼 필요가 없는 단계에 이르는 것이다.

아이들은 흉내를 잘 낸다. 흉내 내기를 좋아하기도 한다. 아이들의 이런 습성을 이용해 얼마든지 실전에 적용시킬 수 있다. 좋아하는 노래든 캐릭터든 이야기든, 그대로 따라 하는 데 재미를 붙이도록 하자. 그러다 보면 저절로 자기 것으로 만들게 된다.

프랑스어에 능통한 외교관 엄마가
알려주는 외국어 공부법

외국어를 즐기자

"어떻게 하면 프랑스어를 잘할 수 있을까요?"

내가 지금까지 살면서 가장 많이 받아본 질문 중 하나는 바로 프랑스어를 잘하는 '비법'에 관한 것이다. 비법……. 이거야말로 참으로 난감한 질문이 아닐 수 없다. 전 국민이 영어 때문에 막대한 돈과 시간을 투자하는 것도 모자라 인생 패턴 자체를 바꾸고, 심지어 생이별까지 택하는 상황에서 말이다. 내게 정말 외국어를 잘하는 비법이 있다면 얼마나 좋겠냐만, 이는 공부 잘하는 비법을 알려달라는 것만큼이나 어려운 질문이다.

프랑스어 잘하는 방법을 알려달라는 주변 사람들에게 나는 내 경험을 토대로 이렇게 대답한다.

"미쳐야 합니다. 미치도록 공부하라는 게 아니라 프랑스어에 미쳐버려야 한다는 겁니다. 한 번 미치도록 빠져보세요. 저는 어느 순간엔가 정말로 미쳤던 기억이 분명 있습니다."

영어든 프랑스어든 외국어를 잘하는 비법 아닌 비법은 바로 그 언어에 흠뻑 빠지는 것이다. 모든 것 다 잊고 그 나라에 가서 언어에만 퐁당 빠져 살 수 있다면 더할 나위 없이 좋을 것이다. 하지만 이것이 현실적으로 불가능한 상황에서 언어에 빠지려면 몇 가지 요령이 필요하다.

누구나 다 외국어를 미치도록 사랑할 수는 없다. 하지만 정말 외국어를 잘하고 좋아하면 그 언어와 사랑에 빠진다. 언어 자체는 물론이거니와 문화를 비롯해 그 언어로 표현하는 모든 것을 사랑하게 된다. 물론 반대로 어떤 나라의 문화가 좋아 그 언어를 배우는 경우도 있다. 케이팝을 좋아하는 외국인 중에는 한국 문화에 대한 호기심에 한국어를 배웠다는 사람도 종종 있다. 자기가 좋아하는 케이팝 가수가 부르는 노랫말을 잘 따라 하기 위해 그 외국어를 배우는 것은 우리가 학창 시절 팝송이 좋아 영어 가사를 열심히 외우던 것과 같은 맥락이다.

외국어를 제대로 배운다는 것은 그저 입으로 말 몇 마디 유창하게 뱉어내는 게 결코 아니다. 그 외국어로 생각하고 꿈꾸고 즐기고, 몸과 마음으로 받아들이는 것을 의미한다.

그러려면 그 외국어를 사용하는 나라의 사람들이 사는 방식, 언어 표현의 근간인 역사와 풍습, 그 배경인 신화와 동화, 노는 습관, 먹고 즐기고 사는 일상적 문화를 이해해야 한다.

어린 아이들도 마찬가지다. 내 딸아이들이 세 살 남짓한 나이에 프랑스에서 몸으로 프랑스어를 배우고, 다시 한국에 와서 거짓말처럼 프랑스어를 까맣게 잊어버리고, 곧이어 다시 영어를 배우는 과정을 지켜보면서 그냥 되는 일은 절대 없다는 사실을 깨달았다.

내가 이십대 때 프랑스어에 빠지기 위해 발버둥 쳤던 그 어려움과 별반 차이가 없었다. 단지 아이들은 어려서 그 어려움이 얼마나 큰지 잘 느끼지 못할 뿐이었다. 그리고 어리기 때문에 부끄러움이나 주저주저하는 태도가 이미 성인이 되어 많은 것을 의식해야 했던 나와 달랐을 뿐이다.

외국어 잘하기. 이 어려운 숙제를 누구도 피할 수 없다면, 그리고 어차피 많은 시간과 노력과 돈을 투자해야 한다면 이왕 하는 것 좀 더 확실하고 효과적인 방법을 찾는 것이 중요하다.

외국어로 하는 커뮤니케이션

무엇보다 언어란 커뮤니케이션 수단이라는 사실을 명심하자. 그렇기 때문에 외국어를 효과적으로 익히기 위해서는 언어 그 자체뿐 아니라 여러 복합적인 요소를 동시에 학습해야 한다. 언어가 지니고 있는 기본적 특징, 언어로 하는 사고 체계, 언어를 사용해 발현되는 예술 활동 등등. 이 모든 것이 언어 자체에 더해지는 요소다.

프랑스어와 영어는 그런 점에서 큰 차이를 보인다. 프랑스어는 전통적으로 외교 언어로 군림해왔다. 유럽이 치열하게 패권 다툼을 하던 시절, 얽히고설킨 대결의 현장에서 외교 협상을 벌이고 법적 문서로 만들어 정리하는 역할을 프랑스어가 맡았다.

프랑스어는 문법이 매우 복잡하고 세분화되어 있다. 그리고 같은 상황이나 현상을 표현하는 어휘가 무척 다양하다. 아울러 어휘마다 이른바 '뉘앙스'의 세심한 차이가 존재한다. 그렇기 때문에 분쟁이 발생하거나 분쟁 조짐이 우려될 때 이를 조정하는 역할을 프랑스어가 맡은 것이다. 그에 비해 영어는 흔히 비즈니스 언어라고 한다. 좀 더 실용적이면서 효율적이다. 말하는 당사자와 상황의 영향을 많이 받는다는 뜻이다.

프랑스어가 영어와 가장 다른 점은 우리말처럼 존댓말이 있다는 것이다.

프랑스어에는 존칭어가 따로 있다. 존칭에 따라 동사 변화는 물론 형용사도 달라진다. 처음 만나는 사람한테 제대로 된 존칭을 구사하지 못하면 아주 막 돼먹었거나 수준이 몹시 낮은 사람으로 취급당한다. 또 많이 친해졌는데도 계속해서 존댓말을 사용하면 '너랑 가까워지기 싫어' 하는 태도로 여긴다.

똑같은 언어를 쓰는 나라라 해도 저마다의 사회 여건과 역사 문화에 따라 언어 자체가 변한다. 프랑스에서 쓰는 프랑스어와 아프리카에서 쓰는 프랑스어는 어휘나 표현이 다르다. 캐나다 퀘벡도 마찬가지다. 영국식 영어와 미국식 영어에 여러 차이가 있다는 것은 누구나 알 것이다. 남아프리카공화국 영어나 인도 영어가 모두 같을 수는 없다.

문학 작품을 보면 어휘의 개념 차이가 확연하게 드러난다. 아프리카 시인이 쓴 '검은색 예찬'에 관한 시를 읽은 적이 있다. 보편적으로 검은색은 어둠, 절망, 불법 행위 같은 부정적 개념을 연상케 한다. 그러나 도망친 흑인 노예에게는 정반대로 자유, 희망, 안식을 상징한다. 노예 사냥꾼을 피해 낮에는 숨어 있다가 밤에만 활동하는 그들의 검은 피부와 일체감을 이뤄 완벽한 은신처가 되어주기 때문이다.

언젠가 아프리카 세네갈 대통령과의 정상 회담 통역을 할 때 일이다. 정상끼리 유아 교육에 대한 대화가 이어졌는데, 세네갈 대통령이 난생처음 들어보는 어휘로 '유치원'을 지칭했다. '꼬마들을 위한 새장'이라는 표현이었다. '새장', 곧 '새를 가두어두는 우리'라는 단어로 유치원을 지칭하는 것이 어찌나 생경하던지, 그 문화적 배경을 이해할 수 없는 나로서는 계속해서 '유치원'이라는 프랑스어 단어를 사용해 통역할 수밖에 없었다.

지금 내가 살고 있는 카메룬의 경우는 프랑스어가 공용어임에도 불구하고 일반인은 제대로 된 존칭어를 구사하지 못한다. 존칭어 사용 가능 여부가 곧 그 사람의 교육이나 소득 수준을 대변한다. 과거 프랑스의 식민 지배를 받던 시절, 주인이 하인한테 반말로만 대하다 보니 자기들이 듣는 어법대로 고착화되어 그런 것이라는 해석이 있다. 그런 배경이나 상황을 이해하지 못한 채 이곳 사람들과 대화를 나누다 보면 다짜고짜 해대는 반말이 당황스러울 수밖에 없다.

그렇다면 외국어를 처음 배우기 시작한 아이에게는 어떻게 해야 할까. 무엇보다 엄마 아빠와 함께 쓰는 그리고 TV나 주변에서 항상 듣는 우리말 이외에 또 다른 언어가 존재한다는 사실을 자연스럽게 인지시키는 것이 중요하다. 아울러 그 언어는 우리말과 달리 이러이러한 발음이 나고, 그 발음에 따라 이러이러한 의미를 지닌다는 기본적인 코드를 알도록 해줘야 한다.

외국어를 처음 배울 때 매우 중요한 것은 발음이다. 나중에 외국어 실력을 객관적으로 평가받는 직접적 잣대가 되기 때문이다. 우리 세대는 우리 식대로 배운 영어 발음이 있다. 아무리 고치려 해도 절대 쉽지 않다. 언어 습득 과정은 모방이다. 누가 하는 말을 들으며 그 입 모양을 보고, 동일한 상황에서 그 말을 모방해 소리를 내는 것이다. 그렇기 때문에 예사롭게 엄마 아빠가 자기 식 발음으로 툭툭 던지는 것은 아이에게 혼란만 줄 우려가 있다.

초기 단계에서는 정해진 시간에 정해진 프로그램에 맞춰 습득할 수 있도록 체계적으로 진행하는 것이 좋다. 엄마 아빠의 기분대로 아무 때 아무렇게나 시킨다고 해서 되는 것이 아니다. 아이로 하여금 외국어를 배우는 환경에 더 적극적으로 임하도록 해주는 것이 중요하다.

언어의 방

내가 두 딸의 언어 습득 과정을 지켜보며 깨달은 것이 있다. 아이들은 언어를 새로 배우면서 자기 머릿속에 언어의 방을 만들어나간다는 사실이다.

방은 얼마든지 여러 개 만들 수 있다. 아이들의 인지 능력은 놀라울 정도로 뛰어나다. 일단 한 개의 방이 만들어지면 그 옆에 새로운 방을 만들 때 두 방 사이에 임시 벽을 세우는 것도 잊지 않는다. 자기 스스로 알아서 각각의 방이 섞이지 않도록 하는 것이다.

방의 크기가 다를 수는 있다. 그것은 부모형제가 함께 쓰는 언어, 친구들과 어울려 노는 언어, 가장 먼저 배운 언어, 가장 많은 시간 접하는 언어 등 여러 요건이 작용한다. 혼자 스스로 방의 크기를 조절할 수도 있다. 그래서 견고한 벽이 아닌 임시 벽을 세우는 것이다. 나이가 어릴수록 이 임시 벽 사이에 개구멍이 뚫려 이따금씩 언어가 빠져나가 다른 방으로 들어가기도 한다.

커가면서 이 개구멍은 점차 사라지고 방들 사이의 벽도 단단해진다. 방들이 마구 뒤엉키는 혼란이 일어나지 않을까 하는 의문은 튼튼하게 한 개의 방만 만들어둔 기성세대의 염려일 뿐이다. 아이들은 방 정리를 얼마든지 스스로 알아서 할 수 있다.

아이들은 각각의 방에 멋지게 인테리어를 하며 업그레이드해나간다. 각 언어의 특성에 따라 방의 모습도 다르다. 화려하게 꾸며놓은 방이 있는가 하면 그저 수수하고 기능적인 방도 있다. 그다지 공을 들이지 못해 별 볼 일 없이 방치된 방도 있다. 외부와의 접촉 여하에 따라 큰 방이 되었다가 기억조차 못하는 지하 골방이 되기도 한다. 방마다 모두 다 멋지게 꾸미고 가꾸기 위해서는 그만큼의 시간과 노력을 투자해야 한다.

아이들 뇌의 언어 기능은 엄청난 유연성을 갖추고 있다. 그렇기 때문에 언어를 여러 개 배운다고 서로 뒤엉키지 않는다. 갓난아이는 자기를 먹이고 입히고 놀아주는 사람의 언어를 가장 먼저 배운다. 어느 정도 사회성이 생기는 나이가 되어 어린이집이나 유치원을 다니면 아이들과 어울려 노는 언어에 집중한다.

그리고 이때 다른 외국어를 배우기 시작하면 아이의 지적 호기심을 충족시키는 배움의 언어를 익히게 된다. 그렇게 아이들은 여러 가지 언어의 방을 만들어갈 수 있다.

많은 나라가 서로 인접해 있고 역사나 문화적으로도 복잡하게 얽힌 유럽에서는 엄마 아빠가 서로 다른 언어를 쓰는 가정을 흔히 볼 수 있다. 프랑스의 경우는 독일-프랑스 커플이 무척 많다. 그런 집안의 아이들도 갓난아이 때는 자기 생존에 가장 큰 영향을 미치는 사람의 언어를 제일 먼저 배운다. 물론 엄마인 경우가 많다. 그리고 아빠의 언어와도 금방 친숙해진다.

이렇게 바이링규얼 가정에서 자란 아이도 큰 방과 작은 방이 구분된다. 여러 언어에 대한 접촉이 많을수록 새로운 방을 만들 가능성도 당연히 커진다. 동시에 자로 잰 듯 똑같은 크기의 방이 만들어지지는 않는다. 방의 크기는 어디까지나 아이의 뇌가 받아들이는 객관적 기준에 따라 정해지기 때문이다.

프랑스에서 중학교 때 제2외국어로 스페인어를 배운 첫째는 스페인어가 프랑스어와 많이 비슷해서 익히기 쉬웠다고 한다. 한국 중학교에 다닐 때는 일본어가 한국어와 어순이 닮아 그렇게 힘들지 않았다고 한다. 미국 고등학교에 다닐 때는 학교에 중국 친구들이 많아 호기심에 혼자 독학으로 중국어를 배웠는데, 친구들이 수시로 피드백을 해주었다.

중요한 것은 아이들이 새로운 언어를 배우는 것을 두려워하거나 주저하지 않게끔 최대한 자연스럽게 접촉하도록 해야 한다는 점이다. 강압에 의해서 혹은 아이의 지적 능력을 부모의 잣대로 테스트해가면서 두려움을 유발해서는 안 된다.

조급해서도 안 된다. 우리네 부모들은 매사 기성세대의 평가 기준에 맞춰 자녀의 능력을 알고 싶어 한다. 아이들은 우리가 생각하는 것보다 훨씬 영리하다. 그리고 유연한 사고를 지니고 있다. 아이들이 흥미를 갖고 외국어를 배우고자 하는 호기심이 생길 때까지 기다리는 것이 중요하다. 언어의 방은 결코 부모가 조급해하고 닦달하고 억지로 돈을 쏟아붓는다고 해서 만들어지는 것이 아니기 때문이다.

다음은 외국어를 효과적으로 익히는 방법과 관련해 나 자신이 외국어를 내 것으로 만들기 위해 고군분투했던 직접 경험, 아이 둘을 외국에서 키우며 맞닥뜨렸던 간접 경험을 통해 깨달은 바를 요약한 것이다.

아이가 외국어를 효과적으로 익히도록 하는 노하우

① 아이는 놀면서 언어를 익힌다: 우리말이나 외국어나 마찬가지다

아이들은 난생처음 보는 외국 아이들 틈에 끼어 한마디도 못 알아듣는 학교를 다니면서도 얼마 안 되어 금방 그 나라 언어를 익힌다. 처음에는 일단 살아남아야 하기 때문에 눈치로 생활하지만 금세 들리는 말과 해야 할 행동을 연결시킨다.

아이들이 그렇게 빨리 외국어를 익히는 이유는 무엇보다 '반복 학습'에 있다. 같은 나이 또래의 아이들과 어울려 학교라는 동일한 공간과 일정한 생활 습관에 맞춰 동일한 상황을 반복적으로 접하기 때문이다.

어른이 아이들에 비해 언어 습득이 느릴 수밖에 없는 가장 큰 이유는 바로 이러한 공동생활을 통해 동일한 상황을 반복적으로 접할 기회가 없기 때문이다. "아이들은 놀면서 언어를 배운다"는 말을 흔히 한다. 이것이 바로 '반복 학습'이다.

일정하게 정해진 규칙에 따라 동일한 동작과 표현을 반복해서 매치시키기 때문에 자연스럽게 언어를 '체득'하는 것이다. 아이가 처음 우리말을 배우는 과정을 생각해보면 좀더 쉽게 알 수 있다. 요컨대 '엄마' 소리를 계속해서 듣다가 마침내 "엄마!" 하고 따라 하며, 그 말이 지칭하는 대상과 단어를 매치시키는 것이다. 아이에게는 외국어를 배우는 것도 우리말을 배우는 것과 전혀 다를 게 없다.

내 두 아이가 외국어를 처음 접한 것은 공교롭게 같은 나이 때였다. 큰애는 만 2년 6개월 때 프랑스 유치원에 다녔고, 작은애도 같은 나이에 북아프리카의 튀니지 유치원에 다녔다. 두 아이 모두 처음 배운 외국어가 프랑스어다. 영어는 초등학교에 들어가면서 배우기 시작했다. 두 아이 모두 프랑스어든 영어든 학교가 아닌 다른 곳에서 별도로 가르친 적이 없다.

큰애는 워낙 말수가 적고 자기표현이 분명하지 않기 때문에 본격적으로 프랑스어로 말을 하기 시작한 것은 유치원에 다닌 지 서너 달 지나서부터였다. 반면 사교적이고 자기주장이 강한 둘째는 이보다 조금 빨랐다. 굳이 몇 달 며칠을 따져볼 때 그렇다는 것이고, 사실 전반적으로 큰 차이는 없다.

다만 두 아이의 성격과 관련해 한 가지 분명한 차이는 있었다. 큰애가 어쩌다 한 번씩 하는 말은 문법이나 구문이 완벽한 데 비해, 작은애의 경우는 의미 전달은 되지만 구문이 예쁘지 못하거나 앞뒤가 뒤바뀐, 즉 엄밀히 따지면 문법적 오류가 있는 말이 많았다.

사실 여기에 대해서는 몇 가지 추측이 가능하다. 내가 직감적으로 느낀 첫 번째 차이는 환경적 요인이다. 둘째가 다닌 튀니지 유치원은 운영자와 교장은 프랑스인이고, 담당 교사와 보조 요원은 모두 현지인이었다. 현지인이 사용하는 프랑스어는 결코 프랑스인과 같을 수 없다. 물론 프랑스어가 공용어이기는 하지만, 모국어가 아닌 데다 그들만의 튀니지식으로 현지화한 프랑스어를 쓰기 때문이다.

두 번째 요인은 외국어에 노출된 밀도의 차이다. 프랑스 유치원에서는 오로지 프랑스어만 쓰지만, 튀니지의 경우는 프랑스어로 수업을 할 뿐 그 밖의 일상에서는 아랍어를 쓴다. 둘째가 하루 일과를 끝내고 유치원 문을 나설 때면 보모나 경비한테 늘 아랍어로 인사를 건넸다. 그렇다고 아랍어를 제대로 배우는 것도 아니다 보니 한 가지 언어에 대한 집중이 분산되는 것이다. 만약 이때 제대로 프랑스어와 아랍어를 커리큘럼에 맞춰 접했다면 아랍어 방이 따로 만들어졌을 것이다. 하지만 현지인들이 그냥 재미로 한두 마디 툭툭 던지는 아랍어를 아이는 별도의 언어로 구분하지 않았다.

좀 더 결정적인 세 번째 요인은 두 아이의 성격 차이다. 내성적이고 진지한 성격의 큰애는 자기 머릿속으로 모든 걸 분명하게 인지한 경우에 한해 문장으로 표현한다. 이를테면 때가 올 때까지 내면적으로 숙성만 하는 것이다. '얘가 도대체 말을 배우기는 하는 걸까' 하며 걱정 반 초조함 반으로 갑갑할 즈음, 한마디 툭 던진 말이 제대로 된 완벽한 문장이었다.

반면 일단 내뱉고 보는 용감무쌍한 막내는 발음도 구문도 문법도 뭐 하나 똑 떨어지지 않는 불완전한 말을 끊임없이 재잘댔다. 그 말은 이렇게 해야 하고, 그 문장은 이게 맞는 거라며 고쳐주고 잔소리를 해도 소용없었다. 아이가 처한 환경에서 들리는 말의 시간적·감성적 강도가 엄마의 뒷북보다 훨씬 높고 직접적이었기 때문이다.

결국 아이들은 자기가 속한 환경에서 어울리고 놀며 언어를 체득한다. 이 과정을 지켜보며 조급해서는 안 된다. 때가 되면 자체적으로 정리된다. 오류는 나중에 수정해도 늦지 않는다. 절대 다그쳐서도 안 된다. 아이가 자유롭게 자신의 뇌를 총동원해 외국어로 노는 것을 방해하기 때문이다. 엄마의 지나친 관심이 모든 걸 그르칠 수 있다는 사실을 명심하자.

그러다 보면 어느 순간 인형을 앉혀놓고 외국어로 대화를 나누며 소꿉놀이하는 아이를 발견할 것이다. 자기가 만든 외국어 방에서 맘껏 자기만의 놀이를 즐기는 것이다. 부모는 그 방에서 그저 이방인일 뿐이다.

나는 큰애와 함께 유치원이나 상점 같은 데서 프랑스 사람들 틈에 있을 때면 종종 프랑스어로 대화를 하곤 했다. 큰애한테는 엄마와 한국어로 이야기하는 것뿐만 아니라 프랑스어로 이야기하는 것도 지극히 자연스러운 일이었다.

그러다 프랑스에서 3년 근무를 마치고 한국으로 돌아와 큰애가 서울에 있는 유치원에 다닐 때 일이다. 외할머니, 외할아버지, 이모들이 함께 있는 자리에서 아이한테 무언가를 묻기 위해 무심코 프랑스어로 이야기를 했다. 그런데 내 말이 떨어지기 무섭게 아이가 격앙된 어조로 말했다.

"엄마, 여기는 한국이에요. 한국에서는 프랑스어가 아니라 한국어로 말해야 해요. 나한테 프랑스어로 말하지 마세요!"

내가 프랑스어로 한 질문에 아이는 이렇게 프랑스어로 답했다. 아마도 내 기억에 이것이 내가 큰애와 프랑스어로 나눈 마지막 대화 아니었나 싶다. 너무나 단호한 아이의 말에 나는 그 자리에서 바로 수긍했다.

한국에서 가족들과 있으니 당연히 한국어 방에 있어야 함에도 불구하고 엉뚱한 언어의 방으로 아이를 데리고 들어가려 한 엄마의 무분별함을 지적한 것이다.

이것이 만 여섯 살 난 아이의 판단력이다. 아이들은 이처럼 누구나 자기만의 사고력이 있다. 여기에 섣불리 어른이 끼어들어서는 안 된다. 자기 방식대로 언어의 방을 운영해나가는 아이의 본능적 판단력과 응용력을 저해하기 때문이다.

② 세상에는 여러 언어가 존재한다는 사실을 일깨워주자

내 두 아이는 모두 유치원에서 매일같이 꼬박 8시간을 보냈다. 그리고 집에 있을 때는 가능한 한 한국어로 소통했다. 아이들에게 '집'이 갖는 심리적·상징적 의미는 두 가지였다. 든든하고 따뜻하고 보호받는 울타리, 그리고 가족의 언어이자 친숙한 한국어로 소통하는 곳이 그것이다.

그런데 시간이 지나면서 두 번째 의미가 말 그대로 의미 없어지는 아이러니가 발생했다. 아이들이 하루 종일 놀며 사용하는 언어인 프랑스어가 가장 친숙한 자리를 차지해버린 것이다. 어느 순간, 집에서 한국어를 쓰는 것이 힘들고 불편해졌다.

사람은 참으로 간사해서 처음엔 아이들이 빨리 외국어를 배우길 바랐지만, 정작 외국어가 한국어를 앞질러버리자 또 다른 근심이 생겼다. 모든 게 부모의 욕심일 테지만 행여 한국어를 잊어버릴까봐 노심초사한 것이다.

어쨌든 나는 집에서만큼은 한국말로 소통하는 방식을 고수했다. 이때 아이들의 심리 상태는 이중적이었다. 내면적·정서적으로는 한국말이 편하고 좋으면서도, 외국에서 언어적·기호학적으로 익숙하지 않은 한국말을 하기가 날이 갈수록 힘들어진 것이다.

게다가 아이들은 참 희한하게 외국에서 자기 또래 아이들을 만나면 그 대상이 한국 아이라 해도 일단 외국어로 논다. 그런데 한국 어른을 만나면 꼭 한국어로 말한다. 굳이 어른의 잣대로 참견하지 않아도 자체적으로 그리고 직감적으로 확실하게 상황을 정리한단 얘기다.

큰애는 주로 그림책 보는 것을 좋아했고, 작은애는 TV 애니메이션을 더 좋아했다. 큰애는 〈텔레토비〉 세대고, 작은애는 〈뽀로로〉 세대다. 아이들이 집중해서 보는 이런 유아 프로그램을 한국어와 영어로 반복해서 틀어주면 아이들은 '상황 설정'에 따라 정해진 언어 코드로 인식한다.

요즘은 DVD마다 여러 외국어로 시청 가능하고 자막까지 마음대로 선택할 수 있다. 커다란 비디오테이프가 엉키기라도 하면 빨리 틀어달라고 보채는 아이 때문에 난감한 적이 한두 번이 아니던 예전과는 비교도 안 되는 환경이다. 아이들이 좋아하는 〈Frozen〉 같은 디즈니 애니메이션 DVD를 현명하게 활용해 아이의 언어 감각을 체계적으로 키워나가는 것도 무척 효과적인 방법이다.

한국어 대사에 영어 자막을 넣거나, 영어에 영어 자막을 넣거나, 영어에 한국어 자막을 넣는 등 필요에 따라 여러 방법을 동원할 수 있다. 아이들이 세상에는 여러 언어가 존재하고 똑같은 상황에서 언어 코드만 바꾸면 외국어가 된다는 사실만 일단 인식하면, 그다음은 별 거부 반응 없이 외국어를 습득할 수 있다.

③ 아이가 좀 더 크면 기초를 확실하게 해주자

외국어 습득은 정도와 개인적 차이만 약간 있을 뿐 결국은 길고도 험한 과정을 거쳐야 한다. 외국어를 배우는 데 속성 단기 과정이라는 것은 있을 수 없다. 오로지 코앞에 놓인 시험을 통과하기 위해 순식간에 암기해서 좋은 성적을 받더라도 곧 잊어버리게 마련이다. 이렇게 해서는 결코 자기 것으로 만들 수 없다.

외국어 공부는 마라톤이다. 처음부터 차근차근 기초를 다지는 것이 긴 레이스의 성패를 좌우한다. 언어의 기본인 발음, 문법, 구문 등을 제대로 익혔는지 여부가 훗날의 레벨업 여부를 결정짓는 중요한 변수다.

물론 외국어를 배우는 목적, 요컨대 어느 정도 수준의 외국어 습득이 목표냐에 따라 상황이 달라질 수는 있다. 하지만 적어도 외국어를 대충 배울 생각이 아니라면 시작 단계에서 다지는 기초는 말 그대로 평생을 좌우할 외국어 실력의 초석이다.

땅을 잘 다지고 튼튼한 초석을 세워야 그 위에 짓는 집이 튼튼하고, 특히 나중에 2~3층을 올리는 추가 공사를 해도 너끈히 견딜 수 있다.

외국어를 시작하면 반드시 어느 시점에선가 단층으로 시작한 집을 2층, 3층으로 올려야 하는 순간이 온다. 바로 그때 2층집으로 업그레이드할 수 있는지 여부는 전적으로 기초 공사를 튼튼하게 했는가, 살면서 유지 보수 공사는 제대로 하는가에 달려 있다. 외국어는 조금만 유지 보수를 소홀히 해도 곧바로 표가 난다. 버벅거리는 것으로.

외국어 실력은 계속해서 ↗ 이런 화살표 모양을 그리며 상승하지 않는다. 이렇게 실력이 늘어난다면 좋겠지만 안타깝게도 그렇지 못하다. 외국어 실력은 일단 어느 수준까지 올라가면 더 이상 늘지 않는 정체기가 온다. 그때 열심히 노력하면 2층집으로 올라간다. 그러고 나면 또다시 정체기가 오고, 죽어라 다시 노력하면 3층집으로 올라갈 수 있다.

외국어 실력은 이렇게 단계별로 업그레이드된다. 굳이 그림으로 표현하자면 ▄ ■ ■ ■ 이런 계단식이라고나 할까. 단층집에 살 것인지 2층, 3층을 지어 올라갈 것인지는 전적으로 자신의 선택에 달려 있다.

초기에 잠깐 힘들더라도 적정한 시점에 기본 문법과 문장 구조를 제대로 익히고 발음과 작문 연습을 정석대로 하는 것이 외국어 공부의 1단계다. 물론 우리는 보편적으로 외국어를 배우기 시작할 때 문법 위주의 학습을 한다. 그래서 스피킹은 늘지 않고 죽어라 문법만 외운다는 푸념을 종종 한다. 하지만 이는 공부 방법 때문이지 문법 탓이 아니다. 기본 문법을 튼튼히 하는 것은 어느 정도 실력을 갖춘 제대로 된 외국어 수준에 도달하기 위함이다. 동사 변화나 시제 일치도 하지 않은 채 동사 원형이나 명사만 쭉 나열해도 의사소통은 얼마든지 할 수 있다. 외국어를 배우면서 제대로 된 구문도 만들지 않고 오로지 의사 전달만 목표로 하는 사람은 없을 것이다.

다만, 지나치게 문법이나 문장 분석에만 치중하지 말고 아주 기초적인 문법과 구문이라도 이를 기본으로 적절하게 의사 표현하는 습관을 들이는 것이 중요하다. 그러기 위해서는 문법이나 작문 공부를 할 때 나오는 간단한 예문을 아예 자기 것으로 만드는 것이 좋다. 그런 예문은 쓸모도 많거니와 응용하기가 아주 좋기 때문이다. 너무 복잡하고 긴 문장을 놓고 사전을 찾아가며 머리를 쥐어뜯는 식으로 공부하지 말자. 과거 우리 기성세대가 《성문종합영어》를 앞에 놓고 씹어 먹어버리고 싶은 심정으로 괴로워하며 공부하던 패턴에서 벗어나자는 얘기다.

아이들이 연령별로 좋아할 만한 책을 구해 먼저 한 번 살펴보자. 초등학생이 좋아하는 책에는 그림도 많고 일상생활과 직결된 용어가 주로 나온다. 그림이 함께 나와 있는 백과사전도 아이들의 흥미를 돋우기에 매우 유용하다. 중·고등학생들은 〈Twilight〉나 〈Hunger Game〉 같은 판타지 모험 소설을 즐기는데, 이런 책은 호흡이 상당히 빠른 대화체로 되어 있다.

또래 아이들끼리 통하는 속어도 많다. 책은 교육적인 것만 골라 읽어야 한다는 강박관념을 버리자. 책 자체가 외국어 회화 연습의 일부라고 생각해도 좋다. 기초와 응용을 이런 식으로 유연하고 재미있게 결합할 수 있도록 분위기를 만들어주자.

가벼운 것부터 시작하되 기본적인 사항을 소홀히 하지 말고 꼭 자기 것으로 만들어가면서 문장을 습득해 그것을 실제 스피킹에 적용할 수 있도록 하자.

④ 반복하고 소리 내서 읽게 하자

영화 〈아바타〉에서 주인공 제이크는 아바타 부족의 일원이 되기 위해 여자 친구 네이티리한테 여러 가지 교육을 받는다. 이때 그 부족의 언어를 공부하며 제이크가 "언어를 배우는 것은 고통이다"[33]라고 토로하며 결심하듯 되뇌는 말이 있다. 바로 "반복, 반복하자!"[34]다.

외국에서 학교를 다니는 경우가 아닌 대부분의 아이들은 또래와 어울려 놀면서 언어를 체득할 수 없는 만큼 의도적으로 외국어를 접하도록 해야 한다. 그러기 위해서는 주변의 다양한 매체를 활용하는 것이 좋다.

TV 뉴스처럼 하루 동안의 토픽이나 시사 문제에 관한 내용을 같은 표현으로 서너 번 듣다 보면 자연스럽게 익숙해지겠지만, 오로지 반복 학습을 위해 지루하게 똑같은 내용을 계속해서 듣게 할 필요는 없다.

무엇보다 흥미를 유도하는 것이 중요하다. 유행하는 노래를 거듭 듣다 보면 어느새 가사를 익히게 되는 원리를 응용해보자. 사실 노래는 구문을 익히는 데는 좋지만 가사 자체를 실제 스피킹에 활용하기는 마땅치 않다. 하지만 반복을 통해 어느 순간엔가 익숙한 표현이 되고, 그러다 보면 스피킹할 때 간접적으로 인용하는 식으로 활용할 수 있다.

좀 더 기술적인 문제로 들어가보자. 자기가 외국어로 어떻게 말하고 있는지를 직접 듣는 것은 실질적으로 스피킹 실력을 늘리는 지름길이다. 우리는 자기 목소리를 직접 듣는 데 그다지 익숙하지 않다. 어쩌면 자신의 목소리나 말하는 습관, 말하는 스타일 같은 것을 객관적으로 판단하고 분석할 기회를 거의 갖지 못한 채 살고 있는 듯하다.

간혹 녹음된 자신의 목소리를 들으면 깜짝 놀라거나 '이게 정말 내 목소

---

33 "The language is a pain."
34 영화 속 주인공은 이 장면에서 언어 배우는 것을 '무기 사용법을 제대로 익히기 위해 끊임없이 반복해서 무기를 해체하고 조립하는 과정'에 비유한다.

리인가?' 하고 의아해할 때도 있다. 그만큼 언어적 측면에서 자신의 모습을 보지 못한 채 살아간다는 뜻이다. 우리가 거울을 보며 모습을 다듬는 것과 마찬가지로 언어도 그런 식으로 다듬어야 한다.

가장 간단하면서 효과적인 방법은 큰 소리로 읽는 것이다. 이것은 지금까지도 계속하고 있는 나만의 노하우이고, 내 아이들한테도 유일하게 추천한 연습법이다. 신문을 읽을 때도, 책을 읽을 때도 시간이나 텍스트의 길이를 정해놓고 정식으로 큰 소리를 내어 읽는 것이다.

아이들한테 무조건 큰 소리로 책을 읽으라고 시키면, 얼마 지나지 않아 지쳐서 웅얼웅얼 대충 빨리 읽어버리느라 급급해진다. 따라서 일정한 시간을 정하거나, 책의 한 챕터 또는 한 단락 정도로 제한해서 제대로 최선을 다해 읽도록 하는 것이 좋다.

큰 소리로 읽으면 자기 목소리가 자기 귀에 들린다. 목소리를 스스로 객관화할 수 있다는 얘기다. 큰 소리를 내어 읽다 보면 발음이나 악센트도 제대로 내기 위해 애쓰게 마련이다. 그런 습관이 들면 무의식중에 아무렇게나 편한 대로 발음하지 않게 된다.

이따금씩 자기 목소리를 녹음해서 들어보는 것도 필요하다. 저명인사의 연설문 같은 것을 큰 소리로 읽다 보면 잘 써진 문장에서 오는 리듬감과 내용에 대한 공감 때문에 읽는 것 자체에서 즐거움을 느낄 때가 많다. 그렇게 공감한 문장이나 표현은 자기 것으로 만들기가 훨씬 쉽다.

똑같은 연설문을 놓고 저명인사가 했던 발음과 자기 발음을 비교해보게 하자. 완연히 차이가 나는 발음은 표시해두었다가 다시 반복해서 들어보고 따라 하면서 자기 것으로 만드는 것이다.

영어의 경우 미국 사람들은 't' 발음을 거의 하지 않고 흘려버리기 때문에 정확한 단어를 모르고서는 정말 알아듣기 힘들다. 내가 살았던 '애틀랜타(Atlanta)'에는 't'가 두 번 들어간다. 그곳 사람들은 보통 첫 번째 't'를 빼버리고 '애를랜타'라고 발음한다. 여기까지는 그런대로 봐줄 수 있다. 그런데 문제는 상당수 사람들이 두 번째 't'마저 빼버리고 '애를래나'라고 발음하는 것이다. 왜 그렇게 't'를 미워하는지 알다가도 모를 일이다. 공항에서 어떤 한국 사람이 우리식 발음으로 정직하게 '애틀랜타'를 아무리 또박또박 말해도 아예 알아듣지 못한 미국 항공사 직원이 자기 귀에 가장 유사하게 들린 '알래스카' 표를 끊어줬다는 믿기지 않는 이야기도 있을 정도다.

프랑스어의 경우에는 이어서 나오는 두 단어 중 앞 단어의 자음과 뒷 단어의 모음을 연결해서 발음해야 한다. 그렇기 때문에 단어의 스펠링을 정확히 모를 경우 이 연결 자체를 할 수가 없다. 예를 들어 'très amicale'이라는 구문에서 앞 단어의 's'는 'très'가 단독으로 쓰였을 때는 묵음이 되어 '트레'라고 발음한다. 하지만 뒤에 모음으로 시작하는 단어가 이어서 올 때는 's'가 보란 듯이 살아난다. 게다가 뒤의 모음과 연결해 '트레자미칼'이라고 발음한다. 이런 연결을 얼마나 자연스럽게 잘하느냐에 따라 말하는 사람의 어학 수준을 가늠한다.

무엇보다 실제 현장에서 사용하는 발음을 듣고 직접 내보는 습관을 들이는 것이 중요하다. 언어는 모방으로 시작한다. 누군가의 발음, 입 모양, 문장 그리고 말하는 방식을 흉내 내는 것에서 출발해 더 이상 흉내 낼 필요가 없는 단계에 이르는 것이다.

아이들은 흉내를 잘 낸다. 흉내 내기를 좋아하기도 한다. 아이들의 이런 습성을 이용해 얼마든지 실전에 적용시킬 수 있다. 좋아하는 노래든 캐릭터든 이야기든, 그대로 따라 하는 데 재미를 붙이도록 하자. 그러다 보면 저절로 자기 것으로 만들게 된다.

⑤ 도전할 기회를 찾아주자

많은 청중 앞에서 외국어로 말하거나, 프레젠테이션을 하거나, 스피치를 하는 생각만 해도 머리에 쥐가 난다는 사람을 종종 본다. 사실 외국어가 아니라 우리말로 한다 해도 긴장되기는 마찬가지다. 외국어로 할 경우에는 최대한 자연스럽게 그리고 실수하지 않기 위해 좀 더 많은 연습과 준비가 필요할 뿐이다.

우리의 뇌 구조는 어찌나 희한하게 생겨먹었는지 바짝 긴장한 상태에서 충격을 받거나 하면 절대 잊어버리지 않는다. 자칫 만인이 보는 앞에서 실수라도 한 경험이 있으면 두고두고 그 기억이 엄습해서 자꾸만 괴롭힌다. 이런 뇌 구조를 역으로 이용해 긍정적 측면에서의 긴장감을 스스로에게 심어주면 참 좋은 기회로 작용할 수 있다.

학교 시낭송 대회에서 발표했던 시를 평생 잊지 않고 읊을 수 있는 것도 바로 그 때문이다. 그런 기회에 도전해보자. 어차피 용기를 내지 않고 공짜로 얻는 것은 없다. 외국어 스피치 대회, 외국어 시낭송 대회를 준비하면서 완전히 몰입하게 해보자. 그렇게 외운 시나 스피치는 외국어 실력을 한 단계 업그레이드하는 데 결정적 밑거름이 된다.

미국에 온 지 얼마 되지 않은 2013년 겨울, 큰애가 클렘슨 대학교에서 주관하는 고등학생 외국어 콘테스트에 출전했다. 조지아주와 사우스캐롤라이나주에 있는 대부분의 고등학교가 참가하는 대규모 대회인데, 프랑스어·스페인어·중국어·이탈리아어·일본어·러시아어·독일어 등 언어 종류도 무척 다양했다. 그리고 각 언어별로 레벨을 구분해 초급부터 네이티브 수준의 최고급까지 얼마든지 도전할 수 있었다. 큰애는 프랑스어 최고급 레벨과 스페인어 중급 레벨에 도전장을 냈다.

사전에 몇 개의 시와 동화가 주어졌고, 참가 학생은 레벨에 따라 자기가 원하는 시와 동화 각 한 편씩을 고를 수 있었다. 큰애는 프랑스어로 기욤 아폴리네르의 시 〈미라보 다리 아래〉와 이솝의 우화 〈거북이와 두 마리 오리〉를 선택했다. 최고급 레벨은 두 가지 모두를 해야 했기 때문이다. 스페인어로는 페데리코 가르시아 로르카의 시 〈잠 못 드는 사랑의 밤〉 1~2연을 택했다.

콘테스트를 앞두고 아이는 맹연습에 들어갔다. 텍스트를 외우느라 연일 난리를 치더니 그다음에는 감정을 싣는 연습을 한다고 식구들 앞에서 저녁마다 리허설을 했다. 콘테스트 전날까지 쉬지 않고 연습에 열을 올렸다. 자기 혼자 개발해서 익힌 제스처도 제법 자연스러워졌다.

아침 일찍 대학교에 도착하니 참가 학생과 부모들로 완전 북새통이었다. 대학생 자원봉사자들이 일일이 참가자 명단을 확인하고 안내하며 격려까지 해주었다. 콘테스트를 진행하는 동안 부모들은 일체 출입 금지였다. 참가 학생들만 심사위원들 앞에서 그동안 연마한 실력을 발휘했다.

우리는 큰애를 혼자 남겨두고 캠퍼스 안에 있는 보태니컬 가든으로 갔다. 늦가을 햇볕이 따사로웠다. 큰애는 혼자서 끙끙거리고 있으련만, 우리는 준비해간 도시락을 먹고 모처럼 한가한 주말을 만끽하며 마음으로만 응원을 했다.

오후 3시, 수상자를 발표하는 대강당에 모든 학생과 부모들이 모여들었다. 3000석의 자리가 입추의 여지없이 들어찼다. 각 언어별, 레벨별 수상자를 발표하고 메달을 수여할 때마다 박수와 함성이 터져 나왔다.

드디어 프랑스어 네이티브 최고급 클래스 차례가 왔다. 우리는 손에 땀을 쥐며 두근거리는 가슴을 진정시켰다. 3등, 아니다. 2등도 아니다. 그렇다면 혹시 1등? 이럴 수가! 정말로 큰애 이름이 불리는 순간, 우리는 참았던 "와!" 소리와 함께 손바닥에 불이 나도록 박수를 쳤다. 금메달을 걸고 자리로 돌아온 아이는 무척 흡족한 표정이었다.

"엄마, 3등은 가봉 애고요, 2등은 벨기에 애예요."

"그래? 둘 다 프랑스어가 모국어인 아이들이구나. 세린아, 정말 대단하다! 축하해!"

그런데 이게 전부가 아니었다. 큰애는 스페인어 중급 레벨에서도 1등을 차지했다. 우리는 완전 환호성을 질렀다. 두 번째 메달을 목에 걸고 돌아오는 딸과 요란하게 하이파이브를 했다. 딸은 많은 사람의 시선을 의식해서인지 얼굴이 빨개졌다.

"아이고, 뭐 이렇게 시끄럽고 요란하신가요, 나 참……."

"뭐 도와준 게 없으니 축하라도 열심히 해줘야지, 하하하."

하지만 우리의 환호는 여기까지였다. 아이는 처절한 실패의 쓴맛을 경험해야 했다.

몇 달 후 아이는 영어 스피치 콘테스트에 출전했다. 현장에서 내준 주제에 따라 즉석에서 텍스트를 써가지고 직접 스피치하는 형식이었다. 단순히 영어만 잘한다고 되는 일이 아닌 것이다. 시사 문제나 국제적 이슈에 대해서도 충분히 알고 상대방을 설득하는 논리를 갖춰야 한다.

큰애는 참가 학생 중 거의 최하위를 차지했다. 꼴찌에 가까웠다. 심사위원들은 자기주장을 뒷받침하는 객관적 논리가 부족하며, 지나치게 한 가지 시각에 편중되어 있다고 평가했다.

미리 주어진 텍스트를 외우고 낭송하는 과제에서는 1등을 했지만, 논리적 사고와 평소 지식을 총동원해 즉석에서 자신이 쓴 글을 가지고 스피치하는 데는 형편없이 실력이 부족했던 것이다. 이는 곧 큰애가 논술, 상식, 설득력, 문장력, 창의력 등의 분야에서 갈 길이 멀다는 사실을 뜻하는 것이기도 했다.

그날 저녁 나는 축 처져 있는 아이에게 스피치 기술에 대해 몇 가지 조언을 해줬다.

"평소 외국어를 잘하는 사람인데도 청중 앞에서 스피치를 하거나 프레젠테이션을 할 때면 전혀 감동을 주지 못하는 사람이 있어. 언어 자체는 유창한데 말이야. 그 이유는 바로 청중과 교감하고 공감대를 형성하려는 노력, 즉 성의가 부족해서야. 언어는 어디까지나 커뮤니케이션이 최우선이거든. 커뮤니케이션이라는 것은 나와 상대방의 소통을 의미하잖아. 나 혼자 잘해서는 아무 소용이 없다는 말이야. 내 말을 통해 상대방을 설득하고 감동시키기 위해서는 반드시 그 말 속에 그리고 말하는 태도와 방법 속에 내 마음을 담아야 하는 거야.

그다음은 문장력이야. 깊이 있는 내용을 감동적으로 표현하기 위해서는 문장의 표현이 명확하고 자연스러우면서도 논리적이어야만 해. 적절한 비유나 속담을 매치하면 청중의 공감대를 유도하기 쉽고 자신의 주장에도 힘이

실리겠지. 고상하고 딱딱하기만 한 연설은 듣는 사람에게 부담스러울 수밖에 없고, 설득력이 떨어지게 마련이야. 막연한 지식을 나열해서도 안 되고, 지나치게 개인적 감상으로 흘러서도 안 돼.

그다음에 가장 중요한 단계는 메시지 전달이야. 청중에게 내가 말하고 싶은 메시지를 제대로 전달하고, 이를 통해 내 의지와 각오를 분명하게 이해시키는 거야. 청중과 공감대를 형성해 감동으로 이어지게 하려면, 내가 할 연설문을 완전히 내 것으로 만들어야 해. 그러기 위해서는 연설문에 있는 모든 문장을 충분히 소화해서 한 문장마다 내가 부여할 의미가 무엇인지 분명히 인식해야 해."

아이는 그런 결과를 예상했었다면서 너무 영향을 받지 않으려 애쓰는 것 같아 보였지만 나름 충격이 큰 모양이었다. 자기가 얼마나 공부할 게 많은지 깨우치는 좋은 계기가 되었다고 했다. 그러면서 다음번 콘테스트에 또 나가보겠다며 결연한 의지를 다졌다.

아이는 앞으로도 수없는 도전과 좌절을 반복해서 겪게 될 것이다. 중간중간 희열을 느끼는 일도 물론 생기겠지만, 뜻대로 되지 않을 때가 더 많을 것이다.

상을 받고 못 받고는 중요하지 않다. 정말 중요한 것은 도전 그 자체다. 도전은 목표를 제시하고 용기와 노력을 부추긴다. 도전을 통해 자신을 객관적으로 평가받고 자기만의 무기를 서서히 갖춰가는 것이다.

스스로 적극적으로 나서지 않는 한 외국어가 저절로 내 것이 될 수는 없다. 아기는 걸음마를 시작할 때 수없이 넘어지고 엎어지고 엉덩방아를 찧다가 어느 순간 뒤뚱대며 몇 발자국을 떼는 과정을 반복한다. 외국어를 자기 것으로 만드는 것도 이와 똑같다. 뒤뚱대다 엉덩방아를 찧는 과정 없이 곧바로 걷고 뛸 수는 없다. 이는 만고불변의 진리다.

⑥ 다양한 즐길 거리를 찾아주자

아이가 외국어와 친해지도록 하는 가장 좋은 방법은 그 언어를 매개체로 표출되는 다양한 엔터테인먼트를 즐기게 해주는 것이다. 노래를 좋아하는 아이한테는 노래를 따라 부르게 하고, 영화를 좋아하는 아이한테는 영화를 보여주고, 야구나 농구 같은 운동을 좋아하는 아이에게는 경기 중계방송을 보도록 해주는 등 즐길 수 있는 방법은 무궁무진하다.

누군가와 이메일을 주고받는다든지, 재미있는 광고 카피를 써본다든지, 자기 소개서를 쓰고 직접 자기 PR을 해본다든지, 만화를 그려 외국어로 말풍선 대사를 쓴다든지 다양한 방법을 동원해보자.

내가 프랑스에서 유학하던 시절, 전공 서적 외에 가장 열심히 들여다보던 것은 요리책이었다. 그렇게도 먹는 것과 마시는 것에 관심 많은 프랑스 사람들에 대한, 그리고 프랑스 문화에 대한 호기심에서였다. 요리책과 사전을 나란히 펴놓고 단어를 찾아가며 간단한 요리를 흉내 냈다. 갖가지 음식 재료, 그중에서도 생전 처음 보는 채소와 생선, 허브와 조미료 이름이 나왔다. 사전에 나오지 않는 희한한 단어도 많았다.

성격이 급한 탓에 처음부터 끝까지 다 읽은 다음 요리를 시작하는 게 아니라, 덮어놓고 순서대로 일을 벌이다 요리책에 밀가루며 설탕이 묻기 일쑤였다. 좋게 말해 현장감이 생생하게 묻어났다.

그런데 이런 요리책에 나오는 말은 최대한 간단하면서 명료하게 쓴 표현이 대부분이다. 더욱이 깍뚝 썰기, 몇 센티미터 간격으로 고르게 썰기, 몇 분 동안 끓이기, 채소 다듬고 데치기 등 아주 실용적이면서도 다른 문학 서적에서는 절대 찾아볼 수 없는 다양한 어휘와 구문이 등장했다. 그렇게 익힌 단어를 마트에서 장을 볼 때 발견하는 순간, 그 어휘는 완전히 내 것이 되었다.

잡지나 신문에서도 요리나 식당, 유명한 셰프를 소개하는 기사를 열심히 들여다봤다. 젊은 시절 버릇이 남아 외교관으로 근무하는 중에도 식당 관련 기사를 열심히 스크랩했다. 그렇게 스크랩한 식당을 직접 찾아가 먹어보기도 하고, 함께 일하는 프랑스 외교관을 그리로 초대하는 등 나름 미식가 흉내를 내기도 했다.

이따금 예전에 보던 요리책을 펴놓고 끙끙대는 내 모습을 본 둘째가 엄마 흉내를 내며 요리책을 보기 시작했다. 둘째는 희한하게도 TV 앞에 붙어 앉아 〈마스터 셰프〉 같은 요리 프로를 열심히 들여다봤다. 그뿐 아니다. 도서관에서도 갖가지 요리책을 빌려왔다.

"엄마, 오늘 프렌치 쿠킹 책을 빌려왔어요. 음, 냠냠. 여기 이 크레페 만들어봐도 돼요?"

'이거 또 일거리만 잔뜩 생기겠군.' 요리를 한답시고 온갖 재료를 벌여놓고 흘려댈 게 뻔했다. 심부름하고 뒤치다꺼리할 생각에 벌써부터 머리가 아프기 시작한다. 그렇다고 아이의 의지를 꺾을 수도 없다.

"그래, 알았어. 집에 재료가 다 있나 보자."

"엄마, 제가 찾아볼게요. 다용도 밀가루, 계란, 우유, 버터, 설탕…… 엄마,

다 있어요. 믹싱볼 어디 있어요? 계량컵은요? 이거 섞는 거는요? 엄마, 프라이팬 꺼내주세요!"

아이는 요리책을 펴놓고 열심히 레시피에 적힌 대로 따라 한다. 요리책 읽는 것도 엄연한 독서다. 실생활에 필요한 갖가지 어휘를 자연스럽게 익힐 수 있다는 사실을 너무도 잘 알고 있기에 아무리 귀찮더라도 그런 훌륭한 기회를 막을 수는 없다. 모양이야 어떻든 크레페 비스무레한 것이 만들어진다.

둘째가 좋아하는 나름 유익한 놀이가 또 하나 있었다. 바로 만화 그리기다. 혼자 책상 앞에 앉아 뭔가를 열심히 끼적거린다 싶으면 자기가 좋아하는 캐릭터를 동원해 만화를 그리고, 말풍선 안에 대사를 써넣고 있었다. 제 나름대로 어디선가 본 캐릭터를 흉내 내면서 자기만의 독특한 스토리를 만들어낸다. 이 과정에서 아이들은 외국어로 생각하고 외국어로 상상하고 외국어로 글을 쓰는 일련의 과정을 경험하게 된다.

외국어로 즐기는 방법을 찾는 순간, 외국어는 넘어야 할 산이 아니라 함께 즐길 수 있는 동반자가 된다. 그리고 이렇게 사귄 동반자는 오래도록 친근한 친구가 된다.

●

프랑스가 이런 독특한 교육 시스템을 운영하는 가장 큰 목적은 0.01퍼센트의 최고 엘리트를 국가가 직접 선발하고 교육해 장차 국가와 사회를 이끌 리더로 키워내는 데 있다. 결국 국가의 미래가 이들 손에 달린 셈이다.

표면적으로는 평준화한 대학 교육 제도를 통해 모든 국민에게 무상으로 고등 교육의 기회를 제공하지만, 이런 방식으로는 국가를 책임질 최고급 두뇌와 재능을 발굴하지 못한다는 정책적 각성과 국정 철학을 바탕으로 국가 주도의 엘리트 교육 제도를 정립한 것이다.

The Power of
French Mother

프랑스의 감춰진 힘, 그랑제콜

그랑제콜이란 무엇인가?

프랑스의 전반적 교육 제도에 대해서는 이 책 본문에서 이미 살펴보았다. 앞서 말했듯 프랑스는 유치원부터 대학원까지 무상교육 제도를 운영하는 나라다. 국가 전체 1년 예산 중 교육 예산의 비중이 가장 크다. 기본적으로 사회주의 정책 기조에 근거한 이러한 교육 제도는 의료 복지 제도와 더불어 프랑스가 가장 큰 자부심을 갖고 있는 분야이기도 하다.

프랑스 학생들은 고등학교 졸업 시험이자 대학 입학 자격시험인 바칼로레아에서 50점 이상을 받아 통과하면 본인이 원하는 어떤 대학교에든 지원할 수 있다. 모든 대학교(Université)가 평준화되어 있기 때문이다. 바칼로레아는 해마다 전체 졸업생의 약 80퍼센트가 통과할 수 있는 난이도 수준으로 출제한다. 따라서 우리나라에서처럼 이른바 명문대라는 이름에 치중하느라 자기가 좋아하지도 않는 전공 학과를 지망하는 경우는 좀처럼 찾아보기 힘들다. 프랑스는 대학교 입학이 이렇게 쉬운 대신 반대로 졸업은 매우 어렵다. 한 학년 올라갈 때마다 절반 이상씩 탈락한다. 그러므로 학위 취득을 위해서는 철저히 학점 관리를 해야 한다.

중·고등학교에 재학하는 7년 동안 학생들은 자신이 어떤 분야에 소질이 있으며, 인생에서 어떤 진로를 택할지 탐구하는 데 많은 시간을 보낸다. 어느 대학을 갈지가 아니라 무엇을 전공하고 어떤 직업을 선택해 어떻게 자신의 삶을 설계할 것인지 고민한다는 얘기다.

하지만 이렇듯 거의 완벽에 가까운 교육 제도 뒤에는 이른바 '히든카드'로 숨겨둔 비밀 병기가 있다. 그것은 바로 평등한 교육 기회라는 대전제를 아랑곳하지 않고 그 위에 군림하는 공식적인 불평등 제도다. 프랑스는 이 불평등 제도를 국가적으로 보장하고 별도로 관리하며 엄청난 재정적, 인적, 물적 투자를 아끼지 않는다. 그랑제콜이 바로 그것이다.

그랑제콜은 '큰 학교', '훌륭한 학교'로 해석할 수 있는 'Grande Ecole' 이라는 단어의 복수형 'Grandes Ecoles'을 일컫는 말이다. 어휘에서 알 수 있듯 특별한 고등 교육 기관의 집합체를 뜻한다.

그랑제콜은 평준화, 보편화, 대중화한 일반 대학교와 달리 시스템 자체를 차등화해 주요 분야별로 아카데믹한 학문 위주가 아니라, 고용 시장과 연계해 실용성과 전문성에 중점을 둔 하드 트레이닝 학업을 수행할 능력을 갖춘 소수 인재를 선발해 운영한다.

따라서 그랑제콜을 한마디로 정의하면 국가 주도 아래 설립한, 능력주의에 근거한 소수 정예 엘리트 양성 기관이라고 할 수 있다.

그랑제콜의 목적과 의의

프랑스가 이런 독특한 교육 시스템을 운영하는 가장 큰 목적은 0.01퍼센트의 최고 엘리트를 국가가 직접 선발하고 교육해 장차 국가와 사회를 이끌 리더로 키워내는 데 있다. 결국 국가의 미래가 이들 손에 달린 셈이다.

표면적으로는 평준화한 대학 교육 제도를 통해 모든 국민에게 무상으로 고등 교육의 기회를 제공하지만, 이런 방식으로는 국가를 책임질 최고급 두뇌와 재능을 발굴하지 못한다는 정책적 각성과 국정 철학을 바탕으로 국가 주도의 엘리트 교육 제도를 정립한 것이다. 그랑제콜은 현재 215개[35]에 이른다. 각 전공 분야별로 구분하는가 하면, 국립과 사립으로도 나눈다. 설립 초기에는 대부분 국립이었지만 사회가 발달하면서 다양한 분야의 그랑제콜이 생겨났고, 사립 기관도 점차 늘어났다. 국립 그랑제콜의 경우 프랑스와 EU 회원국 학생들한테는 학비를 거의 받지 않고, 학교에 따라서는 매달 일정액의 월급을 주기도 한다.

그럼에도 사립 그랑제콜을 택하는 학생이 있는 것은 국립 그랑제콜에서 국가의 재정 혜택을 입은 학생은 졸업 후 일정 기간 동안 정부 기관에서 일해야 할 의무가 있기 때문이다.

일반 대학교가 학문 위주의 교육을 하는 데 비해 그랑제콜은 전문 직종별 특수 단과대학원 같은 시스템으로 운영한다. 공학, 경영학, 과학기술, 정치학, 행정학 등이 주를 이룬다.

이런 불평등한 제도를 어떤 이들은 대표적인 '프렌치 패러독스'라고 말한다. 일각에서는 '엘리트 공장'이라고 비꼬기도 한다.

---

35 그랑제콜 연합체 CGE(Conférence des Grandes Ecoles)는 1973년에 창설되었다. CGE에 정식으로 소속된 국가 공인 그랑제콜은 2017년 6월 기준으로 총 215개이다. 그중 93개는 파리 지역에, 나머지는 지방에 분포해 있다. 해외 소재 학교까지 모두 합하면 226개이다. CGE에 신규 가입할 멤버는 연합체가 정한 다양한 기준과 조건에 따라 엄격한 평가를 받는다. CGE는 특히 교육·산업·정부 기관을 유기적으로 연결하는 산·관·학 협력을 중시하며, 20여 개 기업과 35개 연합 동호회가 별도로 소속되어 있다. 회장을 포함한 총 6명의 임원진이 운영 책임을 맡고 있으며, 모든 임원진은 이사회에서 투표로 선출한다. 홈페이지 https://www.cge.asso.fr

그랑제콜 출신은 졸업 후 사회에 첫발을 딛는 순간, 중간 간부직에서부터 시작하기 때문에 '그들만의 리그'를 통한 학벌주의를 조장한다는 따가운 시선도 있다. 그뿐만 아니라 국가가 엄청난 규모의 예산을 투입하는 데 비해 실제로 그랑제콜 출신이 그만큼 국가의 발전에 기여하는지 여부에 대해서도 많은 비판이 있다.

여기서는 그랑제콜 제도의 타당성이나 정책 기조에 대한 평가는 논하지 않으려 한다. 다만 '프랑스 엄마의 힘'을 살펴보는 김에 프랑스의 국력을 든든하게 뒷받침하고 있는 특별한 교육 시스템을 자세히 들여다보고자 한다. 요컨대 미국의 유명 대학교들에 비해 상대적으로 우리에게 잘 알려져 있지 않은 프랑스의 독특하고도 특수한 고등 교육 제도, '대학 위의 대학'이라 일컫는 그랑제콜에 대한 기본 정보를 제공함으로써 프랑스의 또 다른 내면을 살펴보는 데 목적이 있다.

국내적으로 어떤 비난과 비판이 있다 하더라도 그랑제콜을 통해 양성된 소수 엘리트가 국가의 비전을 제시하고, 정책을 수립하고, 산업 발전을 주도하고, 정부 행정을 실행하는 리더라는 사실에 대해서는 그 누구도 토를 달지 않는다. 바로 이것이 프랑스의 숨겨진 힘이라는 사실을 암암리에 모두 인정하고 있기 때문이다.

그랑제콜의 역사

그랑제콜의 역사는 18세기로 거슬러 올라간다. 소르본 대학이 13세기에 창설되었다는 점을 감안하면 상대적으로 짧은 역사라고 볼 수도 있다.

1789년 대혁명 발발 이전의 프랑스 대학은 가톨릭교회의 영향 아래 특

권층을 대상으로 운영했다. 이에 정권을 잡은 혁명 정부는 특권층 귀족 가문
이나 배경이 아니라, 정당한 실력만으로 역량 있는 엘리트를 양성해 나라를
이끌어가도록 하겠다는 비전을 실행에 옮긴다. 아울러 기존 대학들에서 신
학(神學)이 주류를 이루고 있었던 점도 새로운 교육 기관 설립의 큰 동기로
작용했다.

이렇게 해서 고안해낸 제도가 소수 엘리트 양성 기관인 그랑제콜이다.
이후 나폴레옹 시대에는 해외 원정의 야망과 전략을 지원할 군사 분야 엘리
트 전문가를 양성하기 위한 그랑제콜을 설립했다. 여기엔 특히 강력한 중앙
집권 체제를 효율적으로 운영하는 데 필요한 지도층 양성이라는 정책적 판
단도 있었다.

따라서 당시에는 군사 기술이나 사회 공공시설 개발 분야의 업무를 담
당하는 기술 장교와 엔지니어 관료를 양성하는 데 주력했다. 19세기부터는
산업이 발달함에 따라 이를 주도해나갈 공학 분야 인재 양성에 역점을 두었
다. 종합기술학교, 중앙공학학교, 전기공학학교, 국립광업학교, 교량토목학
교 등이 이에 해당한다.

1871년 보불 전쟁에서 치욕적인 패배를 경험한 뒤에는 뒤떨어진 국가
체제가 결정적 패인이라는 판단 아래 정치·외교 지도자를 양성하는 파리정
치대학(시앙스포)이 탄생했다. 그리고 제2차 세계대전 직후에는 국가 재건이
라는 대과업을 이끌어갈 인재를 키운다는 거시적 안목 아래 국립행정대학
원(ENA)을 설립했다. 결정적인 국가적 위기 때마다 두뇌와 능력을 겸비한 최
고 엘리트 양성 기관이 생겨난 것이다.

한편 1968년 이른바 '학생 혁명' 이후에는 그때까지 비민주적인 방식으

로 특권층에 유리하게 운영하던 대학교를 모조리 평준화시켜 오늘날까지 이어지고 있다. 이에 반해 혁명 정부에 의해 출범된 그랑제콜은 엘리트 양성 기관으로 특별한 제도와 혜택 속에 남았으니, 대학교와 그랑제콜의 운명이 사실상 뒤바뀐 셈이다.

창립 초기 군사, 과학기술 분야가 주를 이루었던 그랑제콜은 이후 정치, 행정, 경영 분야가 급부상하고 문학, 자연과학 등이 최상위 분야로 자리매김 하기에 이르렀다. 그중에서도 특히 국가 고위 공무원 양성을 목적으로 드골 대통령이 설립한 ENA는 명실상부 프랑스 최고의 고등 교육 기관이다. ENA 는 여느 그랑제콜과 달리 입학 준비반인 프레파를 통해 바로 입학할 수 없 다. 대부분 다른 그랑제콜을 우수한 성적으로 졸업한 인재가 정계 진출이나 고위 공무원의 꿈을 안고 다시 입학한다. 대통령, 총리를 비롯한 각료의 절 대 다수가 ENA 동창생이니 프랑스 정계는 말 그대로 수재들의 이너서클이 라고 할 수 있다.[36]

그랑제콜 입학과 전공 분야

앞서 설명했듯 일반적으로 대학 입학 자격시험에 해당하는 바칼로레아, 곧 'BAC'를 50점 이상으로 통과하기만 하면 시험 성적과 상관없이 대학교 에 입학할 수 있다.

---

[36] 프랑스 교육부는 그랑제콜을 "개별적으로 콩쿠르(경쟁시험)를 통해 학생을 모집해 높은 수준의 학 업을 보장하는 교육 기관"이라는 다소 모호한 개념으로 정의하고 있다. 정부가 발표하는 그랑제콜의 공 식 리스트도 별도로 존재하지 않는다. 그랑제콜 준비반인 프레파는 모두 교육부에서 관장한다. 하지만 각각의 그랑제콜은 분야별로 교육부, 농업부, 문화부, 국방부, 산업부, 법무부, 보건부, 총리실 등 다양한 정부 부처에서 관장한다.

하지만 일반 대학교가 아닌 그랑제콜에 입학하길 희망하는 학생은 프레파 과정을 필수적으로 거쳐야 한다. 공식 그랑제콜 입학 준비반에 해당하는 프레파는 바칼로레아 성적 상위권에 든 학생만 지원할 수 있다.

프레파 과정은 통상 2년이며 이공 계열, 상경 계열, 인문·자연과학 계열로 구분된다. 입학 자체도 경쟁이 치열해 바칼로레아 성적은 물론 고등학교 3년 동안의 내신 성적도 탁월해야만 보다 좋은 공립 프레파에 입학할 수 있다.

한편 프랑스 언론 매체에서는 BAC 통과율을 바탕으로 전체 고등학교의 순위를 발표하는데, 여기서 늘 최고 순위를 차지하는 몇몇 전통 있는 공립 고등학교[37]에 자녀를 입학시키기 위해 위장 전입도 불사하는 열성 학부모가 종종 있다. 이 고등학교에서 운영하는 프레파를 거쳐 명문 그랑제콜에 자녀를 보내기 위해서다.

프레파 과정은 각 학생이 목표로 하고 있는 그랑제콜의 입학 전형 시험인 콩쿠르를 준비하는 데 주력한다. 프레파 1학년에서 2학년으로 올라가는 것 자체도 힘들거니와 2학년을 재수, 삼수하는 경우도 많다. 상당수 학생이 프레파의 고강도 수업을 따라가기 힘들어 심각한 우울증에 시달리기도 한다.

프랑스 교육부의 분석 자료에 따르면, 보편적으로 해마다 약 8만 명의 고교 졸업생이 프레파에 지원하는데 그중 60퍼센트가 상경 계열, 25퍼센트

---

37 프랑스 명문 공립 고등학교로는 루이 14세가 후원한 것으로 유명한 '루이 르그랑 고등학교(Lycée Louis Le Grand, LLG로 통칭. 1563년 설립)', 프랑스의 대표적 석학 사르트르의 모교이기도 한 '앙리 4세 고등학교(Lycée Henri IV, H4로 통칭. 1796년 설립)' 등이 있다. 워낙 역사가 깊고 각계 유명 인사를 많이 배출한 데다 그랑제콜 합격률이 높아 최고의 인기를 자랑한다.

가 이공 계열, 15퍼센트가 인문·자연과학 계열을 선택한다고 한다.

프레파 과정을 이수하면 일반 대학교 2년 수료에 해당하는 학위를 인정 받는다. 프레파를 마치고 그랑제콜에 입학하려면 각 학교별로 실시하는 고 난이도의 콩쿠르를 치러야 하며, 여기서 실패해 그랑제콜 입학이 좌절된 학 생은 일반 대학교 3학년으로 편입할 수 있다.

최근 들어서는 그랑제콜에 입학하는 경로가 다변화하는 추세라고는 하 지만, 기본적으로 프레파와 콩쿠르를 통한 입학이 가장 정통성 있는 경로라 는 사실에는 변함이 없다.

공립 프레파는 수업료가 없는 반면, 사립 프레파의 경우는 학교에 따라 다소 차이는 있지만 많게는 연 1000만 원 내외의 수업료를 내야 한다. 또한 사립 그랑제콜은 미국 대학교 수준의 높은 학비를 내야 하는데, 특히 비즈니 스 매니지먼트 스쿨 같은 상경 계열 학교는 대부분 사립이다. 그랑제콜이 부 유층과 특권층 자녀에게 유리하다는 비난을 받는 이유 중 하나다.

대표적 그랑제콜

A. 이공 계열 그랑제콜

1) 파리국립공과대학(Ecole Polytechnique: X)

1794년 혁명 정부의 고위 엔지니어 장교 양성을 위해 설립되었다. 당시에 는 '중앙공공사업학교(Ecole Centrale des travaux publics)'라고 불렀는데, 이듬 해인 1795년 현재의 이름으로 바뀌었다. 1805년에는 황제에 오른 나폴레 옹 1세에 의해 장교 양성 기관인 군사 학교가 되었다.

오늘날에는 프랑스의 이공계 대표 수재들이 입학하는 학교로 정평이 나 있으며 '조국, 과학, 영광을 위하여(Pour la Patrie, les Sciences, la Gloire)'라는 교훈이 상징하듯 미래의 고위 국가 공무원으로서 사명감이 투철하다. 군사 장교 교육의 역사적 전통을 그대로 유지하고 있는 것은 물론이다.

해마다 프랑스 대혁명 기념일인 7월 14일이면 전통적인 군사 퍼레이드 때 재학생들이 각 군 대표 및 사관생도의 선두에 서서 행진을 벌인다.

1970년 국방부가 관장하는 학교로 개편되었고, 1972년부터 여학생의 입학을 허용했다. 1985년 박사 학위를 수여하기 시작했으며, 1995년부터는 외국인에게도 입학을 허용하고 있다. 다양한 공학 분야뿐만 아니라 생물학, 화학, 경제학, 수학, 물리학, 항공학 등의 과정도 개설되어 있다.

신입생 모집 인원은 400명이다. 1학년은 장교 신분으로 8개월간 군사교육을 받은 후 전원 기숙사 생활을 하며 정복 유니폼을 입고 수학한다. 모든 재학생은 매월 약 100만 원의 월급을 받는다.

학교 이름을 약칭 'X'라고도 하는데, 이는 19세기부터 시작된 것으로 당시 수학이 최고의 학문으로 추앙받던 것과 관련이 있다. 요컨대 이공계에서 수학의 중요성을 부각시켜 수학에서 변수이자 미지수인 'X'를 별칭으로 갖게 된 것이다. 졸업생은 자신의 졸업 연도 앞에 X를 붙여 'X2018' 같은 식으로 표기한다. 프랑스 최초의 노벨 물리학상 수상자 앙투안 앙리 베크렐, 발레리 지스카르 데스탱 대통령 등이 이 학교 출신이다.

▶ 공식 웹사이트 http://www.polytechnique.edu

2) 고등항공우주대학(Institut supérieur de l'aéronautique et de l'espace: ISAE)

항공우주공대(SUPAERO, 1909년 설립), 항공기체공대(ENSICA, 1946년 설립), 항공기계공대(ENSMA, 1948년 설립)가 2007년 하나의 학교로 합쳐져 첨단 과학기술 분야의 대표적 그랑제콜 중 하나가 되었다. ISAE는 오늘날 프랑스가 세계 최고 수준의 항공우주 분야 강대국으로 성장하는 데 결정적 밑거름이 되었다. ISAE는 2012년 위의 세 학교 외에 항공기술차량제작공대(ESTACA)와 공군사관학교(EOAA)를 추가로 편입해 아래와 같은 5개 분야 학교를 포괄한다.

ISAE-SUPAERO: 항공우주 산업 프로젝트 개발 및 엔지니어링

ISAE-ENSICA: 항공기 제작 엔지니어링

ISAE-ENSMA: 항공우주 산업 관련 기계 분야

ISAE-ESTACA: 항공 기술 및 차량 제작

ISAE-EOAA: 항공운송시스템공학 및 공군 장교 양성

프랑스 방산 분야 최고 기업이자 미라주·라팔 전투기 등으로 유명한 다소 그룹 창시자 마르셀 다소와 다소 그룹 CEO이자 상원의원 세르주 다소를 비롯해 에어버스 설립자 앙리 지글러, 미그기 최초 개발자 미하일 구레비치, 항공기용 블랙박스 최초 개발자 프랑수아 휘세노, 아리안 스페이스 초대 회장 프레데릭 달레스 등이 이 학교 출신이다. 최첨단 항공우주 분야 엘리트 양성소라는 특성상 국방부에서 관할하며, 매년 프랑스 언론사가 발표하는 최상위권 그랑제콜로 평가받고 있다.

🏹 공식 웹사이트 http://www.isae.fr

3) 파리국립고등광물학교(Ecole des Mines de Paris/Mines ParisTech)

1783년 루이 16세가 왕실의 광산 개발을 책임질 공학자 양성을 위해 설립했다. 당시 광물 산업은 개발, 측량, 광산 노동자 안전, 경영에 이르기까지 최고의 기술과 역량을 요하는 분야였다.

여러 시대적 변화를 거쳐 1816년 파리 시내 대학가인 5구에 자리 잡았으며, 이후 파리 근교 퐁텐블로(Fontainebleau)와 에브리(Evry)에 추가로 설립되었다. 1976년에는 유럽 최대 실리콘밸리로 알려진, 프랑스 남부 프로방스 지방에 있는 국제 첨단과학 기술단지 소피아앙티폴리스[38]에도 설립되었다.

높은 경쟁률을 뚫고 입학한 학생들은 프랑스의 미래 산업을 책임질 공학 엔지니어로서 지구환경과학, 에너지 프로세스, 기계역학 소재, 수학 시스템, 경제·경영·사회 분야 등을 공부한다.

프랑스 언론들로부터 전체 그랑제콜 최상위 3개 학교 중 하나로 평가받고 있다. 최근 'Times Higher Education'이 분석한 세계 대학 평가 순위에서 41위를 차지했으며, 신흥 대학 평가 부문에서는 세계 4위에 올랐다.

노벨 물리학상 수상자 조르주 샤르파크, 노벨 경제학상 수상자 모리스 알레를 비롯해 알베르 르브룅 대통령, 토탈(Total)의 CEO 티에리 데스마레, 푸조-스트랭의 CEO 장마르텡 폴즈, 프랑스 텔레콤의 CEO 디디에 롱바르,

---

38 소피아앙티폴리스: 프랑스 남부 프로방스알프코트다쥐르주에 있는 첨단과학 기술단지로, 미국 실리콘밸리와 유사한 개념이다. 1960년대 이후 구상에 착수해 1974년부터 단지 개발을 시작했다. 690평 규모에 현재 1200개 넘는 최첨단 연구소와 세계 굴지의 IT, 생명공학, 에너지 분야 기업이 입주해 2만 5000여 명이 근무하고 있다. 입주 기업에는 다양한 재정 보조금 지원, 감세 혜택, 단지 내 인프라 사용 권한이 주어진다. 최첨단 특화 산업 육성을 통해 지역 산업 발전에 크게 기여하고 있으며, 우리나라를 비롯해 전 세계 많은 나라가 벤치마킹하는 성공 사례이기도 하다.

우주비행사 장자크 파비에 등 수많은 인재를 배출했다.

▶ 공식 웹사이트 http://www.mines-paristech.eu

4) 파리국립고등기술직업학교(Arts et Métiers ParisTech/ENSAM)

1780년 창립되어 지금까지 8만 5000여 명의 엔지니어를 배출했으며 파리 외에도 액상프로방스(Aix-en-Provence), 앙제(Angers), 릴르(Lille), 보르도(Bordeaux) 등 프랑스 전역의 총 8개 도시에 있다.

주요 전공 분야는 기계공학, 전기공학, 산업공학 엔지니어링. 그 밖에 에너지, 디자인, 산업화, 위기관리 등 20여 개 연구 과정이 있다.

공학 분야 그랑제콜 중 최우수 그룹으로 꼽히며, 특히 세계 50여 개국과 활발한 국제 교류를 진행하는 것으로 유명하다.

▶ 공식 웹사이트 http://www.ensam.eu

B. 상경 계열 그랑제콜

그랑제콜 중 최근 들어 가장 인기 높은 계열. 그중에서도 특히 비즈니스 스쿨의 인기가 높다. 영국 〈파이낸셜 타임스(Financial Times)〉가 선정한 유럽 최고의 비즈니스 스쿨 100개 중 26개가 프랑스 학교일 정도로 이 분야에서 프랑스의 우위는 압도적이라고 할 수 있다.

프랑스 언론들의 발표에 따르면, 프랑스 최상위 40개 대기업 경영진의 절대 다수가 그랑제콜 출신이며, 그중에서도 특히 그랑제콜을 나온 전직 관료 출신 남성이 압도적인 우위를 점한다고 한다.

1) 파리상경대학(Hautes Etudes Commerciales de Paris: HEC)

1881년 파리상공회의소가 주관해 창립한 그랑제콜로서 유럽 최고의 상경 대학으로 알려져 있다. 파리 근교 주이엉조자스(Jouy-en-Josas)에 있으며 미국 뉴욕 대학, 영국 런던 정경대학과 오랜 협력 관계를 맺고 있다. 졸업 후에는 석사 학위를 수여한다.

정규 교과 과정 외에 최고 경영자 과정을 개설해 많은 인기를 누리고 있다. 활발한 국제 교류를 진행해 MBA 과정의 경우 85퍼센트, 박사 과정은 42퍼센트의 학생이 외국인이다. 2011년 〈파이낸셜 타임스〉가 선정한 세계 1위 최고 경영자 과정에 꼽힌 바 있다.

▶ 공식 웹사이트 http://www.hec.edu

2) 고등경상대학(Ecole Supérieure des Sciences Economiques et
Commerciales: ESSEC)

상경 계열의 대표적 그랑제콜 중 하나로, 1907년 설립 이래 약 4만 6000여 명의 졸업생을 배출했다.

프랑스 국내에 2개의 캠퍼스(모두 파리 근교에 위치), 싱가포르와 모로코 라바트에 국제 캠퍼스가 있다. '개척 정신'이라는 교훈이 나타내듯 국제화 시대에 맞는 글로벌 경영인 양성에 주력하고 있으며, 전 세계 유수 대학교 및 연구소와 긴밀한 교류를 하고 있다. 경영학 과정 외에 '호텔 경영', '국제 럭셔리 브랜드 경영' 등 특수 분야 MBA 과정을 개설했다.

세계 굴지의 기업 중 상당수 CEO가 이 학교 출신이며, 이 책 본문에서 소개한 플뢰르 펠르랭 장관도 ESSEC를 졸업했다.

🏹 공식 웹사이트 http://www.essec.eu

3) 유럽 비즈니스 스쿨(Institut européen d'administration des affaires: INSEAD)

비즈니스 매니지먼트 분야의 대표적 사립 그랑제콜로 1957년에 설립했다. 파리 근교 퐁텐블로에 위치하며, 싱가포르와 아부다비에도 캠퍼스가 있다.

2016년과 2017년 연속 MBA 분야 세계 랭킹 1위를 차지할 만큼 유명하다. 미국 비즈니스 스쿨을 모델로 유럽 내 기업 발전을 목표로 창립했으며, 2001년에는 미국 펜실베이니아 대학의 와튼 스쿨(Wharton School)과 협력 약정을 체결했다.

정부 예산을 지원받지 않기 때문에 학교 정책이나 커리큘럼 등에서 독립성을 유지한다는 점이 INSEAD의 비약적 발전에 가장 큰 기여를 한 요인으로 평가받고 있다. 학교 운영 예산 대부분은 자체 기부 재단을 통해 확보하고 있다. 설립 당시 퐁텐블로 성(城)[39]에 자리 잡은 역사를 존중해 매년 졸업식을 비롯한 주요 행사를 이 성에서 개최하며 아울러 성의 유지·보수에 소요되는 막대한 예산에도 기여하고 있다.

2016년 기준 약 5만여 명의 졸업생을 배출했다.

🏹 공식 웹사이트 http://www.insead.edu

C. 인문·자연과학 및 R&D 계열 그랑제콜

1) 고등사범학교(Ecole Normale Supérieure: ENS)

---

39 Château de Fontainebleau: 12~18세기까지 프랑스 왕들이 기거했던 왕궁으로 화려함의 극치를 보여준다. 특히 나폴레옹이 엘바섬으로 유배 가기 직전 친위대와 눈물의 작별을 한 곳으로 유명하다.

흔히 '에콜 노르말'이라고 부르는 고등사범학교는 1794년 처음 설립되었다. 이후 1822년 일시적으로 폐쇄되었다가 4년 뒤 파리준비학교(Ecole préparatoire de Paris)라는 이름으로 재개교했고, 1845년부터 현재의 이름으로 바뀌었다.

파리의 대학가인 5구에 있으며 명실상부한 인문과학 분야 최고의 그랑제콜이다. 설립 초기에는 중등학교 및 대학교의 교원 양성이 주요 역할이었다. 강의 학과와 연구 학과로 나뉜 커리큘럼을 진행하며, 교원 외에도 많은 정부 고위 관료를 배출했다.

프레파를 거쳐 200명 남짓한 신입생을 뽑는 바늘구멍 같은 관문을 통과해 선발된 학생들은 150만 원 정도의 월급을 받고, 재학 기간을 포함해 10년간 공무원 신분으로 계약을 한다. ENS 졸업생을 '노르말리앵(normalien)'이라고 부르는데, 이는 프랑스 최고 엘리트의 대명사이기도 하다.

ENS는 유럽에서 가장 유수한 인문·자연과학 대학으로 영국의 글로벌 대학 평가 기관 THE(Times Higher Education)가 선정한 대학 랭킹에서 유럽 내 2위 고등 교육 기관, 인문학과 자연학 계열에서는 1위로 뽑혔다.

물리학 분야에서 14명의 노벨상 수상자를 배출했을 뿐만 아니라, 수학 분야의 노벨상으로 불리는 필즈상(Fields Medal) 수상자도 10명이나 될 만큼 자연과학 계열의 최고 교육 기관으로 꼽힌다. 인문학 분야에서도 두드러져 프랑스의 대표적 문인이자 철학자 장폴 사르트르와 시몬 드 보부아르, 앙리 베르그송, 미셸 푸코, 자크 데리다, 피에르 부르디외 등 실존주의부터 포스트모더니즘, 구조주의, 해체주의에 이르기까지 수많은 인재를 배출했다.

▶ 공식 웹사이트 http://www.ens.fr

2) 국립공공보건고등연구학교(Ecole des Hautes Etudes en Santé Publique: EHESP)

1945년 제2차 세계대전 이후, 국가 전체의 보건 위생 상황이 크게 악화한 시기에 범국가적으로 의료 및 보건 분야를 개혁하고 재정비해야 한다는 필요에 따라 최초로 설립했으며, 2004년 오늘날의 EHESP라는 명칭을 갖게 되었다. 국립행정대학원과 더불어 정부 행정 기관의 고위 관료 양성을 목표로 하고 있다. 국립행정대학원이 프랑스 동부의 스트라스부르(Strasbourg)에 소재하고 있는 반면, EHESP는 프랑스 서부 브르타뉴 지역의 렌(Rennes)에 있다.

보건부, 고등교육연구부, 사회부 등의 관계 부처가 공동으로 관장하며 보건 사회 정책, 보건 위생 관리, 위생 환경과 건강, 질병 예방, 전염병 관리 등의 분야에서 효율적인 정책을 마련하고 이에 대한 연구를 수행한다. 아울러 정책을 집행하는 행정 전반뿐 아니라 의학, 약학, 의료 보건 기기 엔지니어, 병원 운영 등 다양한 전문가를 양성한다.

▶ 공식 웹사이트 http://www.ehesp.fr

3) 루브르미술학교(Ecole du Louvre: EDL)

미술 분야 고등 교육 기관으로 프랑스에서 가장 유서 깊은 학교는 '파리국립고등미술학교(Ecole Nationale Supérieure des Beaux-Arts de Paris)'로, 흔히 '보자르'라고 줄여서 부른다. 파리 센 강변에 자리 잡은 고풍스러운 건물만큼이나 예술 분야에서 독보적인 역사와 실력을 자랑한다. '보자르'는 바칼로레아를 거친 학생을 대상으로 실기 콩쿠르를 거쳐 선발하기 때문에 일반적인 그랑제콜과는 차이가 있다.

이에 비해 루브르미술학교는 미술품의 복원, 연구, 보관 및 관리, 고고학 등 예술 분야 엔지니어링과 학문적 요소가 훨씬 강한 곳이다. 프레파를 거친 학생이나 일반 대학교에서 일정 기간 수학을 마친 학생이 지원한다.

루브르미술학교는 1882년 루브르행정학교라는 이름으로 설립되었는데, 특히 제국주의 시대 프랑스의 해외 점령에 발맞춘 고고학 연구 및 예술품 관리, 예술사 탐구를 위한 인재 양성이 주요 목적이었다.

1972년 이래 루브르박물관 건물에 소재하고 있으며, 2017년 미술사학자 클레르 바르비용(Claire Barbillon)이 여성 최초 교장으로 취임했다.

모든 미술 분야를 망라해 전문 큐레이터, 감정사, 미술품 복원 전문 엔지니어, 미술사학자, 평론가, 박물관 운영 관리 전문가, 미술품 전시 및 관리 전문가, 미술품 마케팅 행정 전문가 등 다양한 직업의 인재를 배출하고 있으며, 이 과정에서 여러 대학교, 박물관, 연구소 등과 활발한 교류를 한다.

졸업생의 80퍼센트 이상이 자기가 전공한 해당 예술 분야에 취업하는 것으로도 유명하다.

▶ 공식 웹사이트 http://www.ecoledulouvre.fr

D. 정치 행정 분야 그랑제콜

1) 파리정치대학(Institut d'Etudes des Sciences Politiques: IEP)

흔히 '시앙스포'라는 줄임말로 통칭하며, 1872년 설립된 사회과학 중심의 최고 명문 그랑제콜이다.

프랑스의 전·현직 대통령, 상하원 의원, 외교관 등 정계 주요 인사를 가장 많이 배출한 학교로 꼽힌다. 실제로 프랑스 및 외국의 대통령 30명, 총리 31명, 외교장관 21명이 이 학교 출신이다.

또한 시앙스포는 그랑제콜 중 최고 레벨인 국립행정대학원에 가장 많은 학생을 입학시키는 것으로 유명하다. 한때는 국립행정대학원 입학생의 90퍼센트가 시앙스포 출신일 정도였다.

특히 국제 관계 및 정치학 분야에서 세계 최고 수준이라는 평가를 받고 있으며, 최근에는 외국인 유학생을 위한 특별 커리큘럼을 운영해 모든 수업을 영어로 진행하기도 한다.

전 세계 300여 개 대학과 교류하며 국제관계학, 역사학, 사회학, 프랑스 정치학 분야 유수 연구소도 운영하고 있다.

▶ 공식 웹사이트 http://www.sciencespo.fr

2) 국립행정대학원(Ecole Natione d'Administration: ENA)

ENA는 그랑제콜 중에서도 가장 높은 수준의 교육 기관으로, 여타 그랑제콜을 졸업한 인재들이 국가 고위 공무원이 되기 위해 진학하는 학교다. 제2차 세계대전 직후인 1945년 드골 대통령이 전후 국가 재건이라는 과업을 이끌어갈 고위 공무원을 양성하기 위해 설립했다. 매년 100여 명의 소수 정예 인원만을 선발하며, 기존 커리큘럼 외에 국제 관계 분야에서 일정 수의 외국인도 뽑는다.

설립 이래 2018년 현재까지 약 6500명의 졸업생을 배출했으며, 133개국 출신의 유학생 3650명을 받아들였다. ENA 졸업생을 '에나르크(Enarques)'라고 통칭하는데, 프랑스 최고 수재들이 모인 이너서클의 대명사이기도 하다.

실제로 프랑스 정계를 주름잡는 대부분의 인물이 ENA 출신이다. 현재의 프랑스 헌법 체계하에 있는 제5공화국의 대통령 8명 중 절반인 4명(데스탱, 시라크, 올랑드, 마크롱), 총리 8명을 비롯해 수많은 각료가 에나르크다. 프랑스가 '그들만의 리그'로 운영된다는 사실을 실감나게 하는 대목이다. 그 밖에 프랑스 유수 기업들의 CEO 상당수가 ENA 출신이다.

1991년 EU 행정 기관과의 긴밀한 관계 강화라는 정책적 상징성을 위해 ENA 캠퍼스의 스트라스부르 이전을 결정했고, 2002년에는 행정 분야 유수교육 기관이던 국제공공행정연구소(IIAP)가 ENA에 편입되었다.

ENA 수업은 크게 '유럽과 국제 관계', '지역 현장 경험', '공공 경영 및 매니지먼트'의 세 가지 테마로 이뤄져 있다. 대표적인 국립 그랑제콜인 만큼 모든 수업료는 정부가 부담하며, 재학생은 월 180만 원 정도의 월급을 받는다.

각 졸업 연도마다 프랑스 위인의 이름을 붙여 동문을 표시하는 특이한 전통이 있다. ENA 졸업생은 성적이 높은 순서대로 자신이 희망하는 정부 부처를 선택할 권한이 있으며, 가장 우수한 졸업생들이 선택하는 부처는 막강한 파워를 자랑하는 감사원이다. 외교부도 선호도가 매우 높은 편이다.

▶ 공식 웹사이트 http://www.ena.fr

미래 세계를 준비하는 그랑제콜의 목표: Excellence for a Complex World

앞서 소개한 12개의 대표적 그랑제콜은 그 명성 하나만으로도 수많은 프랑스 고교생들의 선망의 대상이다. 학교마다 "최고의 교수진이 최고의 학생을 가르친다"는 자부심이 대단하다. 아울러 각 전공 분야별로 뛰어난 실력은 물론 국가의 미래를 준비하는 혁신적 마인드를 갖춘 인재를 배출한다는 사명감 또한 투철하다.

프랑스의 국가 경쟁력을 높이는 데 그랑제콜 출신이 큰 공을 세웠다는 사실엔 별다른 이견이 없다. 또한 그랑제콜은 우수한 두뇌와 실력, 끈기를 갖춘 학생이면 누구나 도전할 수 있다는 점에서 수재들의 등용문으로서 역할을 다하고 있다.

엄청난 경쟁을 뚫고 힘든 학업 과정을 성공리에 마친 그랑제콜 졸업생들이 사회에 나와 받는 대우는 일반 대학교 출신과 비교가 되지 않는다. 평균 연봉만도 그랑제콜 출신이 두 배 정도 높다. 게다가 유수한 그랑제콜 출신은 졸업하자마자 곧바로 간부직에 앉는다. 이들 극소수 최고 엘리트가 프랑스 미래 사회를 이끌 원동력이라는 공인된 믿음이 있기 때문이다.

그럼에도 불구하고 그랑제콜은 제도 자체의 불평등성으로 인해 많은 비난에 부딪힌다. 그중에서도 특정 계층의 사회적 대물림이라는 부분이 가장 크지 않을까 싶다. 이는 1950년대에 ENA 입학생 중 30퍼센트 정도가 저소득층 출신이었던 데 반해 2000년대에 들어서는 이 수치가 8~9퍼센트로 급격히 줄었다는 사실만 봐도 알 수 있다. 그랑제콜 졸업생이 프랑스 사회의 리더로 자리 잡고, 그 자녀들이 보다 나은 환경에서 부모의 대를 이어 그랑제콜에 입학하는 현상이 생긴 것이다.

그랑제콜 출신으로 이뤄진 소수 엘리트 집단은 학연주의 성향이 짙어 개방적이고 진취적인 사회 발전을 가로막는다는 비난도 매우 크다. 그랑제콜 출신이 지배층 문화를 독점하고, 계층 간 격차를 심화시키고, 지성의 대물림을 통해 엘리트 사회의 폐쇄성을 선도함으로써 프랑스 공화국 정신을 훼손한다는 것이다.

이는 나아가 엘리트 선발과 양성 방식, 과도한 경쟁주의, 행정편의주의, 중앙집권주의 등 프랑스 사회 전반에 만연해 있는 병폐에 대한 자성의 목소리로 보아도 좋을 것 같다. 2007년 프랑스 대선 당시 중도 우파인 바이루(Bayrou) 후보가 ENA 폐지를 공약할 정도로 그랑제콜에 대한 프랑스 사회의 비판적 시각은 어제오늘의 일이 아니다.

이러한 비판과 자성의 목소리 때문인지 최근 들어서는 그랑제콜의 학생 선발 방식이나 커리큘럼 등에 많은 변화가 일고 있다. 프레파 과정을 거치지 않아도 된다거나, 일반 대학교를 다니다 그랑제콜로 진로를 바꾼다거나, 몇몇 학교가 연합해 보다 큰 규모의 R&D를 겸한 교육 기관으로 탈바꿈하거나, 대학교와 그랑제콜이 연합해 하나의 교육 기관 그룹을 형성하는 식의 다양한 노력을 기울이는 추세다. 심지어는 그랑제콜에 저소득층 자녀 입학을 위한 쿼터제를 시행하는 정책도 나오고 있다.

이런 사회적 변화에 효율적으로 대응하기 위해 그랑제콜 연합체인 CGE는 'Excellence for a Complex World'라는 목표를 내걸고 있다. 서로 다른 역사와 서로 다른 설립 배경, 서로 다른 학생 모집 방식, 서로 다른 전공 분야 등 매우 복잡한 시스템의 그랑제콜이 세계의 주역이 될 수 있는 인재를 양성하고, 학교·연구 기관·기업·정부의 상호 보완적이고 유기적인 협력 시스템 속에서 글로벌한 교육의 산실이 되도록 한다는 것이다.

프랑스는 다양성을 좋아하는 사람들이 다양한 인종 및 다양한 문화와 한데 어울려 사는 사회다. 다양성이 곧 국가의 정체성이기도 하다. 그런 가운데 '최고'를 지향하는 국가적 열망과 이를 뒷받침할 '엘리트'를 원하는 사회적 필요가 어우러져 그랑제콜의 존재 이유를 정당화하고 있다.

보편화한 교육 제도 속에서 이를 든든하게 받쳐줄 견고한 기둥이 필요하다는 이념 아래 유지되는 그랑제콜이 프랑스의 숨겨진 힘이라는 사실은 분명해 보인다.

현명한 엄마는
세상의 희망이다

우리 아이들이 살아가야 할 이 세상은 넓고 복잡하고 또 다양하다. 그래서 알아야 할 것도, 배워야 할 것도, 해야 할 것도, 가봐야 할 곳도, 만나야 할 사람도 너무나 많다.

이 세상에는 누구에게나 해당되는 보편적 가치라는 것이 있고, 누구나 지켜야 하는 에티켓이 있다. 엄마한테는 가장 소중한 아이지만 세상 속에서는 그저 한 명의 평범한 사회인일 뿐이다. 그 사회의 질서를 존중하지 못하면 정상적인 인간관계를 맺지 못한다. 진정한 사회인으로 인정받지도 못한다. 아이의 인생은 오직 아이의 것이라는 사실을 명심하자.

세상에는 참으로 많은 갈등이 존재한다. 종교적 갈등, 인종적 갈등, 외교적 갈등, 경제적 갈등, 정치적 갈등, 문화적 갈등, 세대 간 갈등 등이 복잡한 미로처럼 얽혀 있다.

어디서는 아이를 낳지 않아 걱정이고 어디서는 21세기인 지금도 수십 명의 아이를 여러 부인으로부터 낳는 걸 자랑으로 여긴다. 어디서는 서른, 마흔이 넘도록 결혼을 안 하려 애쓰는가 하면 어디서는 어린 소녀를 강제로 결혼시키기도 한다. 이 세상은 참 고르지 못하다.

내가 이곳 카메룬에서 근무하며 매일같이 느끼는 것이 있다. 이 고르지 못한 세상에서 우리는 참으로 이기적이고 배타적이고 자기중심적인 삶을 살고 있다는 자책감이다. 이곳에는 차마 입에 담기 어려운 그리고 몇 마디 말로는 도저히 표현할 수 없는 참담한 환경과 비참한 운명 속에서 하루하루를 연명해나가는 수많은 아이들이 있다.

온 가족이 몰살당하고 자신은 납치되어 노예처럼 혹사당하다 구사일생으로 탈출한 소녀들, 물 한 동이를 긷기 위해 매일 수십 킬로미터를 오가는 아이들, 연필은 잡아보지도 못한 채 총을 든 소년들, 광산에서 일하다 무너진 갱도 속에서 죽어가는 어린이들…….

이 세상에는 다시 태어나는 것 말고는 희망이라는 것 자체가 없는 아이들이 너무나 많다는 사실을 우리 아이들은 과연 알고 있을까. 그렇다면 혹시 엄마들은 알고 있을까.

우리 일이 아니라고, 그저 남의 일일 뿐이라고 여기기에는 우리가 불과 몇 십 년 전까지 살았던 삶과 너무도 닮았다. 그리고 무엇보다 이 모든 것은 우리 아이들이 살아가야 할 이 세상 속의 일이다.

우리 아이들이 자신을 사랑함과 동시에 타인을 존중할 수 있도록 가르치자. 타인이 없는 나, 안하무인인 나, 유아독존인 나는 이 세상에서 그저 한 마리 외로운 기러기일 뿐이기 때문이다.

우리 엄마들은 이 넓고 험한 세상에서 희망을 갖고 살아갈 수 있도록 아이한테 얼마나 큰 힘을 보태줄 수 있을까. 그 힘의 원천은 사교육도 아니고 조기 교육도 아니다. 재능 교육도, 영재 교육도 아니다. 그것은 바로 인성 교육에서 비롯된다.

우리 아이한테 자신감을 심어주자. 어떤 어려움이든 극복할 수 있는 용기를 심어주자. 이런 자신감과 용기는 엄마가 아무리 인위적으로 만들어주려 해도 그럴 수 없는 것들이다.

요즘 우리나라 젊은이들은 정말 멋지다. 외국에서 일하는 젊은이들을 만날 때마다 늘 느끼는 것이다. 외모도 훤칠한 데다 영어까지 유창하다. 컴퓨터에도 능숙하고 SNS 활동도 활발하다. 어디서든 거리낌 없이 자신을 당당하게 표현하고 애국심도 대단하다.

개도국에 근무하면서 내가 항상 긴밀한 관계를 유지하는 코이카 봉사단원이나 인도 지원 사업을 추진하는 국제기구 직원들을 보면 참으로 대견하기 이를 데 없다. 적도아프리카의 열악한 환경이 이루 말할 수 없이 힘들 테지만 사명감 하나로 버티면서 다들 이를 악물고 일한다. 그 젊은이들을 대할 때마다 이들을 이리도 꿋꿋한 인재로 키워낸 우리 엄마들의 저력을 생각한다.

자녀의 무한한 잠재력이 발현되도록 하는 엄마의 힘은 바로 아이의 내면을 살펴주는 것이다. 아이가 스스로 어려움을 이기고 혼자 힘으로 세상을 헤쳐나갈 수 있도록 자신에 대한 믿음을 키워주는 것이다. 잘할 때 칭찬해주고, 잘못했을 때 바로잡아주고, 힘들어할 때 위로해주고, 어려운 순간 용기를 북돋아주는 것. 이것이 우리 엄마들의 책임이고 또 힘이다. 이런 현명한 엄마들이 있는 한 이 세상은 희망적이다.

자유를 향유하고 사회 정의를 추구하는

프랑스 엄마의 힘

1판 1쇄 인쇄 2019년 8월 12일
1판 1쇄 발행 2019년 8월 20일

지은이 유복렬
발행인 허윤형
펴낸곳 (주)황소미디어그룹
주소 서울시 마포구 양화로26, 704호(합정동, KCC엠파이어리버)
전화 02 334 0173 **팩스** 02 334 0174
홈페이지 www.hwangsobooks.co.kr
인스타그램 @hwangsobooks
출판등록 2009년 3월 20일(신고번호 제 313-2009-54호)

ISBN 979-11-90078-04-7 13590
ⓒ 2019 유복렬